Lecture Notes in Mathematics

A collection of informal reports and seminars
Edited by A. Dold, Heidelberg and B. Eckmann, Zürich

222

Constantin Meghea

Institut de Math ... aine,
Bucarest/Ro

Compactification des Espaces Harmoniques

Springer-Verlag
Berlin · Heidelberg · New York 1971

AMS Subject Classifications (1970): 31D05

ISBN 3-540-05579-7 Springer-Verlag Berlin · Heidelberg · New York
ISBN 0-387-05579-7 Springer-Verlag New York · Heidelberg · Berlin

Offsetdruck: Julius Beltz, Hemsbach/Bergstr.

TABLE DES MATIÈRES

INTRODUCTION

La théorie de la compactification d'un espace harmonique a pour point de départ un mémoire fondamental de 1941 de R.S. MARTIN. Celui-ci ajoute une frontière idéale, aujourd'hui nommée la frontière de Martin, à tout domaine borné de $\mathbb{R}^3$, ce qui permet d'étendre et d'unifier les théorèmes de représentation intégrale de Poisson et de Riesz. Par les travaux de M. HEINS (1950) et M. PARREAU (1952) la frontière de Martin émigre dans la théorie des surfaces de Riemann, où elle va proliférer: la frontière de ROYDEN en 1953, la frontière de KURAMOCHI en 1956 et enfin, en 1963, la frontière nommée de Wiener par C. CONSTANTINESCU et A. CORNEA, qui l'ont définie et étudiée ([8]). Cette dernière frontière s'est avérée comme un outil de premier ordre dans la théorie des surfaces de Riemann. De cette manière, son apparition dans la théorie axiomatique du potentiel, alors en plein essor, était toute naturelle. C. CONSTANTINESCU et A. CORNEA en 1965, utilisant des idées et des méthodes de la théorie des surfaces de Riemann, dont plusieurs sont dues à K. HAYASHI, M. HEINS, Y. KUSUNOKI, S. MORI et M. NAKAI, refont, pour un espace harmonique connexe et dans l'axiomatique de Brelot ([6]), toute la théorie de la compactification d'une surface de Riemann et celle du comportement d'une application analytique sur la frontière de Wiener ([9]). Un premier essai en 1966, réussi en partie et sans toucher aux applications harmoniques, de faire le même travail dans l'axiomatique, généralement nommée de Bauer ([2]), est dû à K. JANSSEN[x]. Enfin, en 1969 C. MEGHEA résout complètement ce problème, les applications harmoniques y compris, à l'aide de l'opérateur $\bar{h}$ et d'un problème de Dirichlet adéquat

---

x) Diplom-Arbeit (1966) non publié, que l'auteur m'a envoyé en mai 1970.

([13], [14], [15], [16], [17]).

La monographie est dédiée au problème de la compactification d'un espace harmonique. Les premiers deux chapitres contiennent les outils, dans le troisième chapitre on présente des propriétés d'un compactifié quelconque d'un espace harmonique, le quatrième chapitre est dédié au compactifié de Wiener et enfin le cinquième chapitre traite les applications harmoniques et leur comportement sur la frontière de Wiener.

Je remercie mes amis C. Constantinescu et A. Cornea d'avoir lu le manuscrit de mes travaux sur la compactification des espaces harmoniques.

Constantin Meghea

Bucarest, mars 1971

LEITFADEN

Les restrictions des fonctions numériques sont partout sous-entendues. Pour f fonction numérique on pose $f^+ = \max(f,0)$, $f^- = \max(-f,0)$. s.c.i. (resp. s.c.s.) signifie semi-continue inférieurement (resp. supérieurement). La théorie de l'intégrale est celle de Bourbaki. Dans la notation de l'intégrale supérieure (resp. inférieure) d'une fonction s.c.i. (resp. s.c.s.) l'étoile est supprimée.

$\overline{A}$, $\mathring{A}$ et A^* désignent respectivement l'adhérence, l'intérieur et la frontière de l'ensemble A. $\mathcal{C}(Y)$ est l'ensemble des fonctions numériques finies et continues sur l'espace topologique Y.

Définitions. 1) Un ensemble $\mathcal{E}$ de parties de l'ensemble E est centré, si toute intersection finie d'éléments de $\mathcal{E}$ n'est pas vide.

2) Une suite $(K_n)_{n \in \mathbb{N}}$ d'ensembles compacts, tels que $Y = \bigcup_{n=1}^{\infty} K_n$ et $K_n \subset \mathring{K}_{n+1}$ pour tout n, este une exhaustion de l'espace topologique Y.

On suppose partout, sauf mention expresse du contraire, que l'espace harmonique X vérifie les axiomes I, II, III, IV de [2] (l'axiome III ou K_D étant énoncé pour un ensemble filtrant croissant de fonctions harmoniques), que X est strictement harmonique ([2])et qu'il possède une base dénombrable. Il existe alors un potentiel >0 fini et continu sur X. L'ensemble des différences de fonctions harmoniques ≥ 0 sur un ouvert de X est un espace de Riesz complètement réticulé pour l'ordre naturel (1.1.8), on pose $\sup\{u,v\} = u \vee v$, $\inf\{u,v\} = u \wedge v$. Tous les ouverts de X sont non compacts. Aucun point de X n'est pas isolé.X est métrisable et dénombrable à l'infini.

Des raisons pédagogiques ont fixé le niveau de l'exposition. Eu égard à ces raisons, toutes les références, sauf trois, sont faites à [2]. La lecture suppose la connaissance au moins de celle-ci.

I. PROBLÈME DE DIRICHLET

§1. Préliminaires

Soit X un espace harmonique. On a marqué avec étoile les énoncés de ce paragraphe où il n'est pas nécessaire que X soit strictement harmonique ou à base dénombrable.

*1.1.1 Théorème. Soit u fonction hyperharmonique sur un ouvert U. Si $u \geq 0$ sur U-K, K partie compacte de U, alors $u \geq 0$.

Démonstration. Supposons 1 hyperharmonique sur U et raisonnons par absurde. Soit $m = \inf u(K)$. On a $-\infty < m < 0$, donc $v = u-m \geq 0$ est hyperharmonique et $\emptyset \neq v^{-1}(o) \subset K$ - contradiction (1.3.2 [2]).

Supposons U relativement compact et soit $h > 0$ harmonique sur U. L'hyper-h-harmonique $\frac{u}{h}$ est ≥ 0 sur U-K, donc $\frac{u}{h} \geq 0$.

Maintenant, dans le cas de l'énoncé, on prend un ouvert V relativement compact tel qu'on ait $K \subset V \subset U$. |

1.1.2 Corollaire. Soit u fonction hyperharmonique sur un ouvert U. Si, pour $U^* \neq \emptyset$, on a $\liminf_{x \to y} u(x) \geq 0$ pour tout $y \in U^*$ et si, pour U non relativement compact, on a $u \geq 0$ sur U-K, K partie compacte de X, alors $u \geq 0$.

Démonstration. Supposons $U^* = \emptyset$. Alors U n'est pas relativement compact et on a $u \geq 0$ sur U-K, K partie compacte de X, donc $u \geq 0$, car $U \cap K$ est compact.

Lorsque $U^* \neq \emptyset$ et U est relativement compact - c'est 1.3.7 de [2].

Enfin, lorsque $U^* \neq \emptyset$ et U n'est pas relativement compact, soient $u \geq 0$ sur U-K, K partie compacte de X, et $s_o > 0$ fonction surharmonique sur X. On prolonge u par limite inférieure sur U^* et on a, pour tout $\varepsilon > 0$ réel fini,

$$\left\{ x \in \overline{U} : u(x) + \varepsilon s_o(x) \leq 0 \right\} \subset U \cap K,$$

donc l'accolade est un ensemble compact contenu dans U. Alors $u + \varepsilon s_0 \geq 0$ et $u \geq 0$. |

Observation 1. Supposons qu'il existe sur U une fonction surharmonique s_1 avem $\inf s_1(U) > 0$. Alors on a

$$\liminf_{x \to \omega_U} u(x) \geq 0 \Longrightarrow u \geq 0, \ \omega_U \text{ le point d'Alexandrov de } U:$$

si u et s_1 sont prolongées par limite inférieure dans ω_U, l'ensemble $\{u + \varepsilon s_1 \leq 0\}$, pour tout $\varepsilon > 0$ réel fini, est compact et contenu dans U.

Observation 2. Lorsque U est relativement compact, on peut marquer l'étoile devant 1.1.2.

Observation 3. Soit u fonction harmonique sur U. Si, lorsque $U^* \neq \emptyset$, on a $\lim_{x \to y} u(x) = 0$ pour tout $y \in U^*$ et si, lorsque U n'est pas relativement compact, on a $u = 0$ sur U-K, K partie compacte de X, alors $u = 0$.

*1.1.3 Lemme. Si $p = \sum_{n=1}^{\infty} p_n$ est surharmonique et p_n potentiel pour tout $n \in \mathbb{N}$, alors p est un potentiel.

Démonstration. Soit u fonction harmonique ave $0 \leq u \leq p$. On a

$$u \leq \sum_{n=m}^{\infty} p_n$$

pour tout $m \geq 1$ (récurrence sur m), donc $u = 0$ sur un ensemble partout dense et $u = 0$. |

1.1.4 Lemme. Si $s \geq 0$ est surharmonique sur X et si A est un ensemble relativement compact, alors $\hat{R}_s^A$ est un potentiel.

Démonstration. Soit $s = p + u$, p potentiel et u harmonique. On prend un potentiel $q > 0$ sur X tel qu'on ait $q \geq u$ sur $\bar{A}$. |

*1.1.5 Proposition. Soient u fonction hyperharmonique sur un ouvert U, V régulier dans U et W régulier dans V. Alors

$$\int u_V \, d\mu_x^W = u_V(x) \quad \text{sur } W.$$

Démonstration. Soient Φ l'ensemble des fonctions g de $\mathcal{C}(V^*)$ avec $g \leq u$ et u_g la fonction sur V $x \to \int g \, d\mu_x^V$. On a

$$u_V = \sup_{g \in \Phi} u_g, \quad \int u_V \, d\mu_x^W = \sup_{g \in \Phi} \int u_g \, d\mu_x^W = \sup_{g \in \Phi} u_g(x).$$

Définition. Un ensemble $\mathcal{U}$ de fonctions hyperharmoniques (resp. hypoharmoniques) sur un ouvert U est un ensemble de Perron sur U, s'il est filtrant décroissant (resp. filtrant croissant) et si $u_V^{x)} \in \mathcal{U}$ pour toute u de $\mathcal{U}$ et pour tout V d'une base d'ensembles réguliers de U.

Soit $\mathcal{S}$ un ensemble de Perron de fonctions surharmoniques sur U et $u = \inf \mathcal{S}$. Si $u > -\infty$ sur un ensemble dense dans U, alors u est harmonique, car, pour V régulier dans U, $u = \inf_{s \in \mathcal{S}} s_V$, $\{s_V : s \in \mathcal{S}\}$ est filtrant décroissant et s_V est harmonique sur V (2.3.2 [2]).

Définition. Soit $p > 0$ potentiel sur X. Le potentiel p_o sur X est un potentiel de Evans associé avec p, si

$$\lim_{x \to \omega} \frac{p_o(x)}{p(x)}^{xx)} = \infty, \quad \omega \text{ le point d'Alexandrov de } X.$$

Observation. $a\, p_o$, $a > 0$ réel fini, est aussi un potentiel de Evans associé avec p.

1.1.6. Théorème. Pour tout potentiel $p > 0$ sur X il existe un potentiel de Evans associé avec p, qui est continu, si p est fini et continu.

Démonstration. Soient $\mathcal{P}$ l'ensemble des potentiels $p_{V_1 \ldots V_n}$,

x) Pour u hypoharmonique on définit u_V avec l'intégrale inférieure.

xx) Convention: $\frac{\infty}{\infty} = \infty$.

où $V_1,\dots,V_n$ parcourent une base d'ensembles réguliers de X, $(x_n)_{n\in\mathbb{N}}$ une suite de points de X partout dense, tels que $p(x_n)<\infty$ pour tout n et $A=\{x_n:\ n\in\mathbb{N}\}$. On a $\inf \mathcal{P}=0$, car $\mathcal{P}$ est un ensemble de Perron. Soient maintenant $m\in\mathbb{N}$, $p_1^m\in\mathcal{P}$ tel que $p_1^m(x_1)<2^{-m}$ et $p_2^m\in\mathcal{P}$ tel que $p_2^m(x_2)<2^{-m}$. On peut supposer $p_2^m(x_1)<2^{-m}$, car on remplace au besoin p_2^m par $p_{V_1\dots V_k\,W_1\dots W_\ell}$, si $p_1^m=p_{V_1\dots V_k}$ et $p_2^m=$ $=p_{W_1\dots W_\ell}$, donc par récurrence sur n on obtient une suite double (p_n^m) de potentiels de $\mathcal{P}$ avec

$$p_n^m(x_i)<2^{-m} \text{ pour } 1\leq i\leq n \text{ et pour tout m et n.}$$

Posons $p_n^n=p_n$. $p_o=\sum_{n=1}^{\infty} p_n$ est un potentiel, étant fini sur A (1.1.3). On a, pour tout n, $p_o\geq np$ en dehors d'un compact de X, car

$$p_{V_1\dots V_m}=p \quad\text{sur}\quad X-(\overline{V}_1\cup\dots\cup\overline{V}_m),$$

donc p_o est un potentiel de Evans associé avec p.

Supposons p fini et continu et soit X_ω le compactifié d'Alexandrov de X. La fonction sur X_ω, égale à $\frac{p_o}{p}$ sur X et à ∞ dans ω, est s.c.i., donc il existe une fonction numérique $f\geq 0$ continue sur X_ω, avec $f\leq\frac{p_o}{p}$ sur X et avec $f(\omega)=\infty$. On a

$$fp\leq \hat{R}_{fp}^X\leq p_o,$$

donc $\hat{R}_{fp}^X$ est un potentiel de Evans continu (2.5.6 [2]) associé avec p.|

Observation. Lorsque p est fini sur une partie dénombrable A de X, on peut supposer, compte tenu de la construction de (p_n^m), que p_o est fini sur A, donc, lorsque p est fini et continu sur X, le potentiel de Evans continu associé peut être supposé fini sur un ensemble dénombrable donné.

1.1.7 Proposition. Soit p_o un potentiel de Evans associé

avec p et $\mathcal{F}$ un filtre sur X sans aucun point adhérent. Si $\liminf_{\mathcal{F}} p > 0$, alors $\lim_{\mathcal{F}} p_o = \infty$.

Démonstration. Soit $n \in \mathbb{N}$. Il existe un nombre réel fini $a > 0$ et un ensemble $A \in \mathcal{F}$ avec $\inf p(A) > a$. Il existe aussi une partie compacte K de X telle que $\frac{p_o}{p} \geq \frac{n}{a}$ sur X-K. On a $p_o \geq n$ sur $A \cap (X-K)$ et $\mathcal{F}$ est plus fin que le filtre des complémentaires des ouverts relativement compacts de X.|

*1.1.8 Théorème. L'ensemble $\mathcal{H}_o$ des fonctions harmoniques ≥ 0 sur X est réticulé pour l'ordre naturel. L'ensemble $\mathcal{H}$ des différences de fonctions harmoniques ≥ 0 sur X est un espace de Riesz complètement réticulé pour l'ordre naturel.

Démonstration. Soient $u_1, u_2 \in \mathcal{H}_o$. $u_1 + u_2$ (resp. 0) est une majorante (resp. minorante) harmonique de l'ensemble $\{u_1, u_2\}$ et la fonction harmonique donnée par 2.3.6 [2] est sa borne supérieure (resp. inférieure) dans $\mathcal{H}_o$.

Si $u-v, u'-v' \in \mathcal{H}$, alors $u + u'$ (resp. $-(v + v')$) est une majorante (resp. minorante) harmonique de l'ensemble $\{u-v, u'-v'\}$. Soit w la fonction harmonique donnée par 2.3.6 [2]. On a

$$w - (u - v) = w_1 \geq 0, \quad w = (w_1 + u) - v \in \mathcal{H},$$

donc w est la borne supérieure de $\{u-v, u'-v'\}$ dans $\mathcal{H}$. Enfin, si $\mathcal{H}_1$ est une partée majorée de $\mathcal{H}$, elle a une borne supérieure, donnée aussi, comme plus haut, par 2.3.6 [2]. |

1.1.9 Lemme[x)]. Si $(s_n)_{n \in \mathbb{N}}$ est une suite de fonctions surharmoniques ≥ 0 sur X, il existe une suite $(a_n)_{n \in \mathbb{N}}$ de nombres réels finis > 0, telle que

$$\sum_{n=1}^{\infty} a_n s_n$$

soit surharmonique sur X.

Démonstration. Soient $(V_n)_{n \in \mathbb{N}}$ une base d'ensembles réguli-

x) Voir 2.8.2 [2].

ers de X et, pour tout n, x_n un point de V_n. Posons $\mu_n = \mu_{x_n}^{V_n}$. Il existe $a_n > 0$ réel fini tel que

$$\int a_n s_n \, d\mu_k < 2^{-n} \quad \text{pour } k \leq n \text{ et pour tout } n,$$

car $(s_n)_V$ est harmonique sur V (2.3.2 [2]). Posons $s = \sum_{n=1}^{\infty} a_n s_n$ et soit $k \in \mathbb{N}$.

$$\int s \, d\mu_k < \infty ,$$

donc il existe au moins un point $x \in V_k^*$ avec $s(x) < \infty$, d'où la conclusion.|

1.1.10 Proposition. Si F est un fermé de X et si $\hat{R}_1^F = 0$, il existe un potentiel p_o fini et continu sur X, avec $p_o \geq 1$ sur F.

Démonstration. F est polaire (2.8.4 [2]), donc il existe un potentiel p sur X, tel que $p = \infty$ sur F. Si l'on pose

$$G = \{ x \in X : p(x) > 1 \},$$

alors $F \subset G$. Soit $f: X \to [0,1]$ continue avec $f = 1$ sur F et $f = 0$ sur X-G. On a

$$f \leq R_f^X \leq p,$$

donc R_f^X est le potentiel cherché (2.5.6 [2]).|

*1.1.11 Lemme. Toute fonction harmonique, qui possède une majorante surharmonique ≥ 0, est égale à une différence de deux fonctions harmoniques ≥ 0.

Démonstration. Soient u harmonique et $s \geq 0$ surharmonique avec $u \leq s$. On a $s = p + v$, p potentiel et $v \geq 0$ harmonique. On pose $v_1 = v - u$ et on obtient $v_1 \geq 0$ et $u = v - v_1$.|

*1.1.12 Proposition. Soit s localement bornée inférieurement sur X et surharmonique sur l'ouvert U. Si X-U est polaire, s se prolonge dans une fonction surharmonique sur X.

Démonstration. Soit t associée avec X-U et posons, pour

chaque $n \in \mathbb{N}$,

$$s_n = s + \frac{t}{n^2}.$$

$\liminf\limits_{x \to y} s_n(x) = \infty$ pour tout $y \in X-U$, car s est localement bornée inférieurement, donc s_n est s.c.i. sur X pour tout n et même surharmonique (on prend, pour chaque $x \in U$, $\mathfrak{V}(x)$ formé des voisinages de x réguliers dans U et, pour chaque $x \in X-U$, $\mathfrak{V}(x)$ formé d'un système fondamental de voisinages réguliers de x). $v = \inf s_n$ est à peu près surharmonique, on a $v = s$ presque partout, donc $\hat{v}$ est le prolongement cherché (2.1.5 [2]).|

Observation. Le prolongement est unique (2.1.5 [2]).

*1.1.13 Corollaire. Soit u localement bornée sur X et harmonique sur U. Si X-U est polaire, u se prolonge dans une fonction harmonique sur X.

Démonstration. Soit u_1 (resp. u_2) un prolongement surharmonique sur X de u (resp. -u). On a $u_1 + u_2 = 0$ sur U, donc sur X (2.1.5 [2]) et alors u_1 est aussi sous-harmonique sur X.|

§2. Problème de Dirichlet

Soient U un ouvert de X ayant la frontière non vide et f une fonction numérique sur U^*. On désigne par

$$\mathcal{S}_f^{U,X} \quad (\text{resp. } \underline{\mathcal{S}}_f^{U,X})$$

l'ensemble des fonctions hyperharmoniques (resp. hypoharmoniques) u sur U avec les propriétés suivantes:

1) u est bornée inférieurement (resp. supérieurement);

2) $\liminf\limits_{x \to y} u(x) \geq f(y)$ (resp. $\limsup\limits_{x \to y} u(x) \leq f(y)$) pour tout $y \in U^*$;

3) lorsque U n'est pas relativement compact, $u \geq 0$ (resp.

$u \leq 0)$ sur $U-K_u$, K_u partie compacte de X.

Soient $u \in \bar{\mathcal{S}}_f^{U,X}$ et $v \in \underline{\mathcal{S}}_f^{U,X}$, alors $v \leq u$ (on emploie 1.1.2).

Toute fonction de $\bar{\mathcal{S}}_f^{U,X}$ est bornée inférieurement sur $\bar{U}$ et possède une minorante sous-harmonique finie et ≤ 0; soit $u \in \bar{\mathcal{S}}_f^{U,X}$, on prolonge u par limite inférieure sur U^* et on a $u > -\infty$ sur $\bar{U}$, car u est bornée inférieurement sur U; lorsque U n'est pas relativement compact, alors $u \geq 0$ sur U-K, K partie compacte de X; tout point de U^*-K possède un voisinage disjoint de K, donc $u \geq 0$ sur U^*-K; enfin, u est bornée inférieurement sur $\bar{U} \cap K$, celui-ci étant compact; soient $s > 0$ fonction surharmonique finie sur X et $a > 0$ réel fini tel que $u \geq -as$ sur $\bar{U} \cap K$, alors $u \geq -as$ sur U.

$u = \infty$ (resp. $v = -\infty$) se trouve dans $\bar{\mathcal{S}}_f^{U,X}$ (resp. $\underline{\mathcal{S}}_f^{U,X}$), f quelconque.

Posons $\bar{H}_f^{U,X} = \inf \bar{\mathcal{S}}_f^{U,X}$, $\underline{H}_f^{U,X} = \sup \underline{\mathcal{S}}_f^{U,X}$. On a

$$\underline{H}_f^{U,X} \leq \bar{H}_f^{U,X}.$$

En particulier,

$$\underline{H}_0^{U,X} = \bar{H}_0^{U,X} = 0.$$

<u>Observation</u>. Si $u \in \bar{\mathcal{S}}_f^{U,X}$, alors $-u \in \underline{\mathcal{S}}_{-f}^{U,X}$.

<u>1.2.1 Proposition.</u> Soient f, g deux fonctions numériques sur U^*. On a les propriétés élémentaires[x)]:

1) $\bar{H}_{-f} = -\underline{H}_f$.

2) $\bar{H}_{af} = a\,\bar{H}_f$ et $\underline{H}_{af} = a\,\underline{H}_f$ ($a > 0$ réel fini).

[x)] L'indice U, X a été supprimé quelquefois, lorsqu'aucune confusion n'est à craindre.

3) $\overline{H}^{x)}_{f+g} \leq \overline{H}_f + \overline{H}_g$ et $\underline{H}^{x)}_{f+g} \geq \underline{H}_f + \underline{H}_g$ dans tout point où les sommes du deuxième membre ont un sens.

4) $f \leq g \Longrightarrow \overline{H}_f \leq \overline{H}_g$ et $\underline{H}_f \leq \underline{H}_g$.

5) $\left|\overline{H}_f\right| \leq \overline{H}_{|f|}$.

6) Si $\mathcal{G}$ est un ensemble dénombrable filtrant croissant de fonctions numériques et si $\overline{H}_g$ est harmonique pour toute $g \in \mathcal{G}$, on a, pour $f = \sup \mathcal{G}$,

$$\overline{H}_f = \sup_{g \in \mathcal{G}} \overline{H}_g .$$

<u>Demonstration</u>. 3): raisonnement par absurde.

5): soient $u \in \overline{\mathcal{S}}_f$ et $v \in \underline{\mathcal{S}}_{-|f|}$; on a, à cause de 1.1.2, $u-v \geq 0$ (si $f(y) = -\infty$, alors $\liminf_{x \to y} \left[u(x)-v(x)\right] = \infty$), donc $-\overline{H}_{|f|} \leq \overline{H}_f$.

6): il existe une suite croissante $(g_{\ell_n})_{n \in \mathbb{N}}$ de fonctions de $\mathcal{G}$ avec $f = \sup g_{\ell_n}$ (si $(g_n)_{n \in \mathbb{N}}$ est la suite des fonctions de $\mathcal{G}$, on la définit par récurrence avec les conditions: $g_{\ell_1} = g_1$, $g_{\ell_{n+1}} \geq \sup(g_{\ell_n}, g_n)$); soit $x \in X$; pour tout $\varepsilon > 0$ réel fini il existe $u_{\ell_n} \in \overline{\mathcal{S}}_{g_{\ell_n}}$ avec $u_{\ell_n}(x) - \overline{H}_{g_{\ell_n}}(x) < \varepsilon 2^{-n}$; $u = \sup_{g \in \mathcal{G}} \overline{H}_g + \sum_{n=1}^{\infty} (u_{\ell_n} - \overline{H}_{g_{\ell_n}})$ se trouve dans $\overline{\mathcal{S}}_f$, car $u \geq u_{\ell_n}$ pour tout n, donc $\overline{H}_f(x) \leq \sup_{g \in \mathcal{G}} \overline{H}_g(x) + \varepsilon$, d'où la conclusion.|

<u>1.2.2 Théorème</u>. $\overline{\mathcal{S}}^{U,X}_f$ (resp. $\underline{\mathcal{S}}^{U,X}_f$) est un ensemble de Perron sur U. Lorsque l'ensemble $\mathcal{S}$ des fonctions surharmoniques (resp. sous-harmoniques) de $\overline{\mathcal{S}}^{U,X}_f$ (resp. $\underline{\mathcal{S}}^{U,X}_f$) n'est pas vide, il est un ensemble de Perron sur U et on a

$$\overline{H}^{U,X}_f = \inf \mathcal{S} \quad (\text{resp. } \underline{H}^{U,X}_f = \sup \mathcal{S}).$$

---

x) f + g est définie arbitrairement dans tout point où la somme manque de sens.

Si $\bar{H}_f^{U,X} < \infty$ et $\underline{H}_f^{U,X} > -\infty$ sur un ensemble dense dans U, alors elles sont harmoniques.

Démonstration. Soient $u_1, u_2 \in \bar{\mathcal{S}}_f^{U,X}$, alors $\min(u_1,u_2) \in \bar{\mathcal{S}}_f^{U,X}$, car $\liminf_{x \to y} \min(u_1(x), u_2(x)) = \min(\liminf_{x \to y} u_1(x), \liminf_{x \to y} u_2(x))$ et $(U-K_1) \cap (U-K_2) \neq \emptyset$ pour U non relativement compact et K_1, K_2 parties compactes de X. Soient $u \in \bar{\mathcal{S}}_f^{U,X}$ et V régulier dans U, alors $u_V \in \bar{\mathcal{S}}_f^{U,X}$: si $u \geq a$, a réel fini, alors $\int u \, d\mu_x^V \geq a\, H_1^V(x)$ sur V et H_1^V est bornée sur V; on a $U - (\bar{V} \cup K) \neq \emptyset$ pour U non relativement compact et K partie compacte de X; tout point de U^* possède un voisinage disjoint de V.

Soient $u \in \bar{\mathcal{S}}_f^{U,X}$ et $s \in \mathcal{S}$, alors $\min(u,s) \in \mathcal{S}$.

Enfin, pour la dernière assertion on va utiliser l'observation suivante[x)]: si x est un point de U tel que $\bar{H}_f^{U,X}(x) < \infty$, alors $\bar{H}_{\max(f,0)}^{U,X}(x) < \infty$ (on prend $u \in \bar{\mathcal{S}}_f^{U,X}$ avec $u(x) < \infty$ et on envisage une minorante sous-harmonique finie $s' \leq 0$ de u (voir les préliminaires), alors $u - s' \in \bar{\mathcal{S}}_{\max(f,0)}^{U,X}$). On a alors, compte tenu de l'hypothèse,

$$\bar{H}_{\max(f,0)}^{U,X} < \infty \quad \text{et} \quad \underline{H}_{\min(f,0)} > -\infty$$

sur un ensemble dense dans U. Soit $s_o > 0$ surharmonique sur X et posons, pour chaque $n \in \mathbb{N}$, $f_n = \min(f, ns_o)$. On a, pour n quelconque,

$$\underline{H}_{\min(f,0)}^{U,X} \leq \bar{H}_{f_n}^{U,X} \quad \text{et} \quad ns_o \in \bar{\mathcal{S}}_{f_n}^{U,X},$$

donc $\bar{H}_{f_n}^{U,X}$ est harmonique (voir la deuxième assertion). Il s'ensuit, compte tenu de 1.2.1, que $\bar{H}_f^{U,X}$ est harmonique. Pour $\underline{H}_f^{U,X}$ on remplace f par -f.|

1.2.3 Théorème. Si $\bar{H}_f^{U,X}$ est harmonique, il existe une

---

x) C. Constantinescu

fonction surharmonique $s > 0$ sur U, telle qu'on ait

$$\bar{H}_f^{U,X} + \varepsilon s \in \bar{\mathcal{S}}_f^{U,X}$$

pour tout $\varepsilon > 0$ réel fini.

Démonstration. On va montrer d'abord que l'énoncé est vrai, lorsqu'il existe une fonction surharmonique s_1 dans $\bar{\mathcal{S}}_f$. Soit $(x_n)_{n \in \mathbb{N}}$ une suite de points dense dans U telle que $s_1(x_n) < \infty$ pour tout n et posons $A = \{x_n : n \in \mathbb{N}\}$. Soit $m \in \mathbb{N}$. Pour tout $n \in \mathbb{N}$ il existe $u_n^m \in \bar{\mathcal{S}}_f$ telle que

$$u_n^m(x_i) - \bar{H}_f(x_i) < 2^{-m} \text{ pour } i \leq n$$

(récurrence sur n: pour x_{n+1} il existe $u \in \bar{\mathcal{S}}_f$ telle que $u(x_{n+1}) - \bar{H}_f(x_{n+1}) < 2^{-m}$; on prend, eu égard à 1.2.2, $u_{n+1}^m = \min(u_n^m, u)$). On peut supposer que tous les termes de la suite double (u_n^m) sont finis sur A, car on remplace au besoin u_n^m par $\min(s_1, u_n^m)$. Il s'ensuit que

$$s = \sum_{n=1}^{\infty} (u_n^n - \bar{H}_f)$$

est surharmonique sur U, ayant $s(x_n) < \infty$ pour tout n. Soient $\varepsilon > 0$ réel fini et $\ell \in \mathbb{N}$ tel que $\varepsilon > \frac{1}{\ell}$. On a

$$\bar{H}_f + \varepsilon s \geq \bar{H}_f + \frac{1}{\ell} \sum_{i=1}^{\ell} (u_i^i - \bar{H}_f) = \frac{1}{\ell} \sum_{i=1}^{\ell} u_i^i$$

et le dernier terme se trouve dans $\bar{\mathcal{S}}_f$, donc aussi $\bar{H}_f + \varepsilon s$. On peut supposer $s > 0$, car on ajoute au besoin à celle-ci une fonction surharmonique > 0 sur U.

Il reste à montrer qu'il existe une fonction surharmonique dans $\bar{\mathcal{S}}_f$.

Plaçons-nous d'abord dans le cas: il existe une fonction sous-harmonique $s' \leq 0$ sur X avec $s' \leq f$. Soit $s_o > 0$ surharmonique sur X et posons, pour chaque $n \in \mathbb{N}$, $f_n = \min(f, ns_o)$. $ns_o \in \bar{\mathcal{S}}_{f_n}$

et $\overline{H}_{f_n}$ est harmonique (1.2.2), soit $s_n \geq 0$ la fonction surharmonique donnée par l'énoncé. Si $(a_n)_{n \in \mathbb{N}}$ est une suite de nombres réels finis > 0 tels que $s = \sum_{n=1}^{\infty} a_n s_n$ soit surharmonique sur U (1.1.9), on a, pour tout n,

$$\overline{H}_f + s \geq \overline{H}_{f_n} + a_n s_n, \ \overline{H}_{f_n} + a_n s_n \in \overline{\mathcal{S}}_{f_n},$$

donc

$$\liminf_{x \to y} \left[\overline{H}_f(x) + s(x)\right] \geq f(y)$$

pour tout $y \in U^*$ et $\overline{H}_f + s \in \overline{\mathcal{S}}_f$.

Passons au cas général. On a $\overline{H}_{\max(f,0)} < \infty$ (voir l'observation de 1.2.2), donc

$$\underline{H}_{\max(f,-s_0)} \leq \overline{H}_{\max(f,-s_0)} < \infty$$

et les deux membres de l'inégalité sont harmoniques (1.2.2). Il existe alors, compte tenu du cas particulier envisagé, une fonction surharmonique dans $\overline{\mathcal{S}}_{\max(f,-s_0)}$ et celle-ci se trouve dans $\overline{\mathcal{S}}_f$. |

1.2.4 Corollaire. Lorsque $\overline{H}_f^{U,X}$ est harmonique, elle est égale à une différence de deux fonctions harmoniques ≥ 0.

Démonstration. Soient $s \in \overline{\mathcal{S}}_f^{U,X}$ surharmonique et $\underline{s}$ une minorante sous-harmonique ≤ 0 de s. On a $s - \underline{s} \in \overline{\mathcal{S}}_f^{U,X}$, d'où la conclusion (1.1.11).|

Observation. Si $\overline{H}_f^{U,X}$ et $\overline{H}_g^{U,X}$ sont harmoniques, il existe $\overline{H}_f^{U,X} \vee \overline{H}_g^{U,X}$ et $\overline{H}_f^{U,X} \wedge \overline{H}_g^{U,X}$ (1.1.8).

1.2.5 Corollaire. Si $\overline{H}_f$ et $\overline{H}_g$ (resp. $\underline{H}_f$ et $\underline{H}_g$) sont harmoniques, on a

$$\overline{H}_{\max(f,g)} = \overline{H}_f \vee \overline{H}_g \quad (\text{resp. } \underline{H}_{\min(f,g)} = \underline{H}_f \wedge \underline{H}_g).$$

Démonstration. Soient $s \in \bar{\mathcal{S}}_f$ et $s' \in \bar{\mathcal{S}}_g$ deux fonctions surharmoniques.

$$\bar{H}_f \vee \bar{H}_g + (s-\bar{H}_f) + (s'-\bar{H}_g)$$

est une fonction surharmonique de $\bar{\mathcal{S}}_{max(f,g)}$, donc $\bar{H}_{max(f,g)}$ est harmonique (1.2.2) et

$$\bar{H}_{max(f,g)} \leq \bar{H}_f \vee \bar{H}_g,$$

car s et s' sont quelconques, d'où la conclusion.

Definition. f est (U,X) - résolutive (ou, simplement, résolutive), si $\bar{H}_f^{U,X}$ et $\underline{H}_f^{U,X}$ sont égales et harmoniques. On pose dans ce cas

$$H_f^{U,X} = \bar{H}_f^{U,X} = \underline{H}_f^{U,X} .$$

1.2.6 Proposition. Soient f,g deux fonctions (U,X) - résolutives. Alors af[x)] (a réel fini), $f + g$[x)], max (f,g), min (f,g), $|f|$ sont (U,X) - résolutives et on a:

1) $H_{af} = a H_f$.

2) $H_{f+g} = H_f + H_g$.

3) $H_{max(f,g)} = H_f \vee H_g$, $H_{min(f,g)} = H_f \wedge H_g$.

4) $H_f = 0 \iff H_{|f|} = 0$.

Démonstration. 1): si a = 0, posons $0.f = g$; soient $u \in \bar{\mathcal{S}}_f$ et $v \in \underline{\mathcal{S}}_f$, alors $u-v \geq 0$ et $\liminf_{x \to y} [u(x) - v(x)] \geq g(y)$ (resp. $\limsup_{x \to y} [v(x)-u(x)] \leq g(y)$) sur U^*, donc u-v (resp. v-u) se trouve dans $\bar{\mathcal{S}}_g$ (resp. $\underline{\mathcal{S}}_g$); il s'ensuit que $\bar{H}_g = \underline{H}_g = 0$.

3): soit $s' \in \underline{\mathcal{S}}_f$ fonction sous-harmonique, alors $s' \in \underline{\mathcal{S}}_{max(f,g)}$, donc $\underline{H}_{max(f,g)}$ est harmonique (1.2.2) et on a $H_f \vee H_g \leq \underline{H}_{max(f,g)}$.

x) af et f + g sont définies arbitrairement dans tout point où les opérations manquent de sens.

4): $f = f^+ - f^-$, $|f| = f^+ + f^-$. |

1.2.7 Théorème. Si $f \geq 0$ est une fonction borélienne sur U^*, on a

$$\bar{H}_f^{U,X} = \underline{H}_f^{U,X}.$$

Démonstration. Soit $s_o > 0$ une fonction de $\mathcal{C}(X)$ surharmonique sur X. Il existe un potentiel fini, continu et > 0 sur U, donc, d'après Corollary 3 [3], $f_n = \min(f, ns_o)$ est résolutive pour tout $n \in \mathbb{N}$ et alors on a, compte tenu de 1.2.1,

$$\lim_{n \to \infty} H_{f_n}^{U,X} \leq \underline{H}_f^{U,X} \leq \bar{H}_f^{U,X} = \lim_{n \to \infty} H_{f_n}^{U,X}. \;|$$

Observation. La condition "$f \geq 0$" peut être remplacée par "f bornée inférieurement", lorsqu'il existe une fonction $s_o > 0$ de $\mathcal{C}(X)$ surharmonique sur X et avec $\inf s_o (U^*) > 0$.

1.2.8 Corollaire. Une fonction surharmonique $s \geq 0$ sur un voisinage de $\bar{U}$ est (U,X) - résolutive.

Démonstration. On a $0 \leq \underline{H}_s^{U,X} = \bar{H}_s^{U,X}$ et $s \in \bar{\mathcal{S}}_s^{U,X}$. |

1.2.9 Corollaire. Pour $s \geq 0$ surharmonique sur X on a

$$H_s^{U,X} = R_s^{X-U} \quad \text{sur } U.$$

Démonstration. Soit $v \geq 0$ hyperharmonique sur X et $\geq s$ sur X-U. Alors $v \in \bar{\mathcal{S}}_s^{U,X}$ et $H_s^{U,X} \leq R_s^{X-U}$ sur U.

Soit $u \in \bar{\mathcal{S}}_s^{U,X}$, on a $u \geq H_s^{U,X} \geq 0$. La fonction sur X, égale à s sur X-U et à min(u,s) sur U, est surharmonique (1.3.10 [2]), donc $u \geq R_s^{X-U}$ et $H_s^{U,X} \geq R_s^{X-U}$ sur U. |

1.2.10 Proposition. Soit $u \in \mathcal{C}(\bar{U})$ harmonique sur U telle que $|u| \leq \bar{H}_f^{U,X}$, avec $f \geq 0$ et $\bar{H}_f^{U,X}$ harmonique. Pour $u \geq 0$ ou pour U relativement compact, u est (U,X) - résolutive et on a

$$u = H_u^{U,X}$$

Démonstration. On a

$$\bar{H}_f^{U,X} \in \bar{\mathcal{S}}_u^{U,X}, \quad \underline{H}_f^{U,X} \in \underline{\mathcal{S}}_u^{U,X}$$

donc $\bar{H}_u^{U,X}$ et $\underline{H}_u^{U,X}$ sont harmoniques (1.2.2). Soit $v \in \underline{\mathcal{S}}_f^{U,X}$. Alors $v-u \geq v - \bar{H}_f^{U,X} \geq 0$, donc

$$v-u \in \bar{\mathcal{S}}_{f-u}^{U,X}, \ \bar{H}_f \leq \bar{H}_{f-u} + \bar{H}_u \leq v-u + \bar{H}_u, \ u \leq \bar{H}_u.$$

On trouve aussi $u \geq \underline{H}_u$. Pour $u \geq 0$ on a donc $u = H_u^{U,X}$ (1.2.7). Pour U relativement compact u est (U,X) - résolutive (4.1.5 [2]), donc $u = H_u^{U,X}$.|

Observation. La condition "$u \geq 0$ ou U relativement compact" peut être remplacée par "$\bar{H}_u^{U,X} = \underline{H}_u^{U,X}$".

1.2.11 Lemme. Soient $U \subset U'$ deux ouverts de X avec $U^* \cap U' \neq \emptyset$ x) et f fonction numérique sur $U^* \cap U'$. Si f_o est la fonction sur U^*, égale à f sur $U^* \cap U'$ et à 0 sur $U^* - U'$, alors

$$\bar{H}_f^{U,U'} = \bar{H}_{f_o}^{U,X}, \quad \underline{H}_f^{U,U'} = \underline{H}_{f_o}^{U,X}.$$

Démonstration. Soit $u \in \bar{\mathcal{S}}_f^{U,U'}$. Pour U relativement compact dans U' on a $\bar{U} \subset U'$ ($U \subset \bar{U} \cap U'$ et on prend l'adhérence), donc $u \in \bar{\mathcal{S}}_{f_o}^{U,X}$. Pour U non relativement compact dans U' on a $u \geq 0$ sur U-K, K partie compacte de U'. Alors $\liminf_{x \to y} u(x) \geq 0$ pour tout $y \in U^* - U'$, car K et un point quelconque de $U^* - U'$ ont des voisinages disjoints, donc $u \in \bar{\mathcal{S}}_{f_o}^{U,X}$. Ainsi

$$\bar{\mathcal{S}}_f^{U,U'} \subset \bar{\mathcal{S}}_{f_o}^{U,X}, \quad \bar{H}_{f_o}^{U,X} \leq \bar{H}_f^{U,U'}.$$

x) Si $B \subset A$, B ouvert, alors la frontière de B dans A est égale à la trace sur A de la frontière de B. Si U_1, U_2 sont ouverts, on a: $(U_1 \cap U_2)^* \cap U_1 = U_1 \cap U_2^*$, $\overline{U_1 \cap U_2} \cap U_1 = U_1 \cap \bar{U}_2$.

Soient maintenant $s_o > 0$ surharmonique finie sur X et $\varepsilon > 0$ réel fini. Pour toute $u \in \bar{\mathcal{S}}_{f_o}^{U,X}$ on a $u + \varepsilon s_o \in \bar{\mathcal{S}}_f^{U,U'}$: l'ensemble

$$A = \{x \in \bar{U} : u(x) + \varepsilon s_o(x) \leq 0\},$$

u prolongée par limite inférieure sur U^*, est contenu dans U', car on a $u + \varepsilon s_o > 0$ sur $U^* - U'$; A est compact, car si U n'est pas relativement compact, alors $u \geq 0$ sur U-K, K partie compacte de X, donc

$$A \subset \bar{U} \cap K.$$

Ainsi $\bar{H}_f^{U,U'} \leq u + \varepsilon s_o$ et $\bar{H}_f^{U,U'} \leq \bar{H}_{f_o}^{U,X}$.|

1.2.12 Lemme. Soient $U \subset U'$ deux ouverts de X avec des frontières non vides et $\bar{H}_f^{U',X}$ harmonique. Si f' est la fonction sur $\bar{U}'$, égale à f sur U'^* et à $\bar{H}_f^{U',X}$ sur U', alors

$$\bar{H}_f^{U',X} = \bar{H}_{f'}^{U,X} \quad \text{sur} \quad U.$$

Démonstration. Soit $u \in \bar{\mathcal{S}}_f^{U',X}$, alors $u \in \bar{\mathcal{S}}_{f'}^{U,X}$: si U n'est pas relativement compact, alors U' ne l'est pas et on a $u \geq 0$ sur U'-K, K partie compacte de X, donc $u \geq 0$ sur U-K; on a $\liminf_{x \to y} u(x) \geq f(y)$ sur U'^* et $u \geq \bar{H}_f^{U',X}$ sur U', donc

$$\liminf_{x \to y} u(x) \geq f'(y) \quad \text{sur} \quad U^*.$$

Ainsi $\bar{H}_{f'}^{U,X} \leq \bar{H}_f^{U',X}$ sur U.

Pour l'inégalité contraire soient $u \in \bar{\mathcal{S}}_f^{U',X}$, $u' \in \bar{\mathcal{S}}_{f'}^{U,X}$ et v la fonction sur U', égale à u sur U'-U et à

$$u - \bar{H}_f^{U',X} + \min(\bar{H}_f^{U',X}, u') \quad \text{sur} \quad U.$$

v est hyperharmonique sur U' (1.3.10 [2]), car $u \geq u - \bar{H}_f^{U',X} + \min(\bar{H}_f^{U',X}, u')$ sur U et, pour $y \in U^* \cap U'$, on a

$$\liminf_{x \to y, x \in U} \left[u(x) - \bar{H}_f^{U',X}(x) + \min(\bar{H}_f^{U',X}(x), u'(x))\right] \geq$$

$\geq u(y) - \overline{H}_f^{U',X}(y) + \min (\overline{H}_f^{U',X}(y), \liminf_{x \to y} u'(x)) \geq u(y).$

v se trouve dans $\overline{\mathcal{S}}_f^{U',X}$ (pour tout $x \in U'$ on a $v(x) = u(x)$ ou bien $v(x) \geq u'(x)$; $f' = f$ sur U'^*), donc

$$\overline{H}_f^{U',X} \leq u - \overline{H}_f^{U',X} + u', \ \overline{H}_f^{U',X} \leq \overline{H}_{f'}^{U,X} \quad \text{sur } U. |$$

Observation. Pour $\overline{U} \subset U'$ on a $\overline{H}_f^{U',X} = \overline{H}^{U,X}_{\overline{H}_f^{U',X}}$ sur U.

Soient f une fonction numérique définie sur l'ouvert U et y un point frontière de U.

Définition. f est associée avec 0 dans y, s'il existe un voisinage ouvert relativement compact V de y et une fonction surharmonique $s > 0$ (ou, ce qui est équivalent, $s \geq 0$) sur un voisinage de $\overline{V}$, telle que

$$|f| \leq H_s^{U \cap V, U}.$$

Observation. Pour tout voisinage V' de y il existe un voisinage ouvert relativement compact V de y avec $V \subset V'$ et $U \cap V^* \neq \emptyset$.

1.2.13 Proposition. Soit f harmonique sur la trace sur U d'un voisinage de y. f est associée avec 0 dans y, si et seulement s'il existe un voisinage ouvert relativement compact W de y, tel que f soit bornée sur $U \cap \overline{W}$ et que l'on ait

$$f = H_f^{U \cap W, U}.$$

Démonstration. La condition est nécessaire. Soit s_o la fonction sur $(U \cap V)^*$, égale à s sur $U \cap V^*$ et à 0 sur $(U \cap V)^* - U$. On a

$$|f| \leq H_s^{U \cap V, U} = H_{s_o}^{U \cap V, X} \leq H_s^{V, X} \quad \text{sur } U \cap V,$$

à cause de 1.2.11 et parce que toute $u \in \overline{\mathcal{S}}_s^{V,X}$ se trouve dans

$\varphi_{s_0}^{U\cap V,X}$, ayant $u \geq 0$ et $(U\cap V)^*\cap U = U\cap V^*$. Si W est un voisinage ouvert de y avec $\overline{W}\subset V$, f est bornée sur $U\cap\overline{W}$. On peut supposer f harmonique sur un ouvert que contient $U\cap\overline{W}$. On a alors

$$H_s^{U\cap V,U} = H_{H_s^{U\cap V,U}}^{U\cap W,U} \leq H_s^{U\cap W,U} \qquad (1.2.12),$$

donc $f = H_f^{U\cap W,U}$, à cause de 1.2.7 Observation et 1.2.lo Observation, $\overline{W}$ étant compact.

La condition est suffisante. Soit $s > 0$ fonction surharmonique sur un voisinage de $\overline{W}$ telle que $|f| \leq s$ sur $U\cap\overline{W}$. On a $-f = H_{-f}^{U\cap W,U}$, donc $|f| \leq H_s^{U\cap W,U}$. |

1.2.14 Théorème. Soit u fonction harmonique sur l'ouvert U et associée avec 0 dans $y\in U^*$. Pour tout potentiel de Evans p_0 sur U on a

$$\liminf_{x\to y}\left[u(x)+p_0(x)\right] \geq 0, \quad \limsup_{x\to y}\left[u(x)-p_0(x)\right] \leq 0.$$

Démonstration. Soit W un voisinage ouvert relativement compact de y tel que $u = H_u^{U\cap W,U}$ et que u soit bornée sur $U\cap\overline{W}$ (1.2.13). Si v est la fonction égale à $|u|$ sur $U\cap W^*$ et à 0 sur $U^*\cap\overline{W}$, on a $H_{|u|}^{U\cap W,U} = H_v^{U\cap W,X}$ (1.2.11), donc

$$(1)\ |u| \leq H_v^{U\cap W,X},$$

ayant $-u = H_{-u}^{U\cap W,U}$.

Soient p_0 associé avec le potentiel $p > 0$ et $\mathfrak{U}$ un ultrafiltre sur U convergent vers y avec

$$\liminf_{x\to y}\left[u(x) + p_0(x)\right] = \lim_{\mathfrak{U}}(u + p_0).$$

On a $\liminf_{\mathfrak{U}} p = \lim_{\mathfrak{U}} p$. Si $\lim_{\mathfrak{U}} p > 0$, alors $\lim_{\mathfrak{U}} p_0 = \infty$ (1.1.7) et $\lim_{\mathfrak{U}}(u + p_0) = \infty$, car u est bornée sur $U\cap\overline{W}$. Si $\lim_{\mathfrak{U}} p = 0$, on a

$$0 \leq \limsup_{\mathfrak{U}} H_V^{U \cap W, X} \leq 0,$$

conformément à Lemma 2 [3], où l'on prend: $\mathfrak{F} = \mathfrak{U}$, $s_V = p$ pour tout voisinage régulier V de y et pour s - une fonction harmonique sur un voisinage de y avec s(y) = 1, car $H_V^{U \cap W, X}$ est bornée sur $U \cap W$: si $|u| \leq a$, $a > 0$ réel fini, sur $U \cap \overline{W}$, on prend une fonction surharmonique $s_o > 0$ de $\mathscr{C}(X)$ avec $s_o \geq a$ sur $(U \cap W)^*$. Il s'ensuit, compte tenu de (1), que $\lim_{\mathfrak{U}} u = 0$, donc $\lim_{\mathfrak{U}} (u + p_o) \geq 0$.|

1.2.15 Théorème. Soit $u \geq 0$ fonction harmonique sur l'ouvert U et, lorsque U^* n'est pas vide, associée avec 0 en chaque point de U^*. La fonction v sur X, égale à u sur U et à 0 sur X-U, est à peu près sous-harmonique et égale à l'enveloppe supérieure de l'ensemble de ses minorantes sous-harmoniques continues.

Démonstration. Pour $U^* = \emptyset$, le theorème est trivial.

Si $U^* \neq \emptyset$, soit V un ensemble régulier. On a $\overline{H}_V^{V,X} = \underline{H}_V^{V,X}$, car v est s.c.i. (1.2.7).

$$\overline{H}_V^{V,X}(x) = \int v \, d\mu_x^V = \sup_{g \in \mathscr{G}} H_g^V(x) \quad (4.1.7\ [2]),$$

où $\mathscr{G}$ est l'ensemble des $g \in \mathscr{C}(V^*)$ avec $0 \leq g \leq v$, donc $\overline{H}_V^{V,X}$ est hyperharmonique sur V.

Lorsque $U \cap V \neq \emptyset$, soient p_o un potentiel de Evans sur U et $\varepsilon > 0$ réel fini. $\overline{H}_V^{V,X} + \varepsilon p_o - u$ est hyperharmonique sur $U \cap V$. On a, pour tout $y \in U^* \cap \overline{V}$,

$$\liminf_{x \to y} \left[\varepsilon p_o(x) - u(x)\right] \geq 0 \quad (1.2.14)$$

et, pour tout $y \in U \cap V^*$,

$$\liminf_{x \to y} \underline{H}_V^{V,X} \geq \liminf_{x \to y, x \in V} v(x) = u(y) \quad (4.2.3\ [2]).$$

Il s'ensuit que

$$\overline{H}_V^{V,X} + \varepsilon p_o - u \geq 0, \quad (1)\ \overline{H}_V^{V,X} \geq v \text{ sur } U \cap V \quad (1.1.2,\ 2.1.5\ [2]).$$

Lorsque $U \cap V = \emptyset$, (1) reste valable, d'où la conclusion: v est à peu pres sous-harmonique, car v est localement bornée sur X (1.2.13).

Soient p_1 un potentiel de Evans continu sur U, $a > 0$ réel fini et v_{a,p_1} la fonction sur X, égale à 0 sur X-U et à $\max(u-ap_1, 0)$ sur U. On a, pour tout $y \in U^*$,

$$\limsup_{x \to y} \left[u(x) - ap_1(x)\right] \leq 0 \quad (1.2.14),$$

donc v_{a,p_1} est sous-harmonique (1.3.1o [2]), v_{a,p_1} est continue, car sur U^* on a $\liminf_{x \to y} v_{a,p_1}(x) \geq 0 \geq \limsup_{x \to y} v_{a,p_1}(x)$, ayant

$$\limsup_{x \to y} \max(u(x)-ap_1(x), 0) = \max(\limsup_{x \to y}(u(x)-ap_1(x)), 0) = 0.$$

Enfin, on a $v = \sup v_{a,p_1}$, où a parcourt l'ensemble des nombres >0 réels finis et p_1 l'ensemble des potentiels de Evans continus sur U, car pour tout $x \in U$ il existe un potentiel de Evans p_1 continu sur U avec $p_1(x) < \infty$ (1.1.6 Observation).|

1.2.16 Proposition. Soient $U \subset U'$ deux ouverts de X et $U^* \neq \emptyset$, $s \geq 0$ fonction surharmonique sur U', s_o la fonction sur U^*, égale à s sur $U^* \cap U'$ et à 0 sur $U^* - U'$. On a

$$H_{s_o}^{U,X} = (R_s^{U'-U})_{U'} \quad \text{sur} \quad U^{x)}.$$

Démonstration. On a $s \in \overline{\mathcal{S}}_{s_o}^{U,X}$ et $-s \in \underline{\mathcal{S}}_{s_o}^{U,X}$, donc $\overline{H}_{s_o}^{U,X}$ et $\underline{H}_{s_o}^{U,X}$ sont harmoniques (1.2.2).

Lorsque $U^* \cap U' \neq \emptyset$, alors

$$\underline{H}_{s_o}^{U,X} = \overline{H}_{s_o}^{U,X} = H_s^{U,U'} = (R_s^{U'-U})_{U'} \quad \text{sur } U \text{ (1.2.11, 1.2.9)}.$$

---

x) Convention: $R_s^{\emptyset} = 0$.

Lorsque $U^{*} \cap U' = \emptyset$, alors $\bar{H}_{s_o}^{U,X} = \underline{H}_{s_o}^{U,X} = 0$. La fonction sur U', égale à 0 sur U et à s sur $U'-U$ est ≥ 0 et hyperharmonique (1.3.9 [2]), donc $(R_s^{U'-U})_{U'} \leq 0$ sur U, d'où la conclusion. |

II. FONCTIONS HARMONISABLES

§1. Les opérateurs de Constantinescu et Cornea

Soient U un ouvert non vide de X et f une fonction numérique définie sur U-K, K partie compacte de X. On désigne par

$$\overline{\mathcal{H}}_f^{U,X} \quad (\text{resp. } \underline{\mathcal{H}}_f^{U,X})$$

l'ensemble des fonctions hyperharmoniques (resp. hypoharmoniques) u sur U avec les propriétés suivantes:

1) u possède une minorante sous-harmonique ≤ 0 (resp. majorante surharmonique ≥ 0);

2) lorsque $U^* \neq \emptyset$, on a $\liminf_{x \to y} u(x) \geq 0$ (resp. $\limsup_{x \to y} u(x) \leq 0$) pour tout $y \in U^*$;

3) lorsque U n'est pas relativement compact, on a $u \geq f$ (resp. $u \leq f$) sur $U-K_u$, K_u partie compacte de X.

Lorsque $U^* = \emptyset$, on a $\overline{\mathcal{H}}_f^{U,U} = \overline{\mathcal{H}}_f^{U,X}$ et $\underline{\mathcal{H}}_f^{U,U} = \underline{\mathcal{H}}_f^{U,X}$: $\overline{U} = U$, U n'est pas relativement compact dans U et dans X; si $u \in \overline{\mathcal{H}}_f^{U,X}$, alors $u \geq f$ sur U-K, K partie compacte de X, $K \cap U$ est une partie compacte de U, donc $u \in \overline{\mathcal{H}}_f^{U,U}$.

Pour U relativement compact $\overline{\mathcal{H}}_f^{U,X}$ (resp. $\underline{\mathcal{H}}_f^{U,X}$) est l'ensemble des fonctions hyperharmoniques ≥ 0 (resp. hypoharmoniques ≤ 0) sur U: on a $U^* \neq \emptyset$ et on emploie 1.1.2.

Si $f = f'$ sur X-K, K compact de X, alors $\overline{\mathcal{H}}_f^{U,X} = \overline{\mathcal{H}}_{f'}^{U,X}$ et $\underline{\mathcal{H}}_f^{U,X} = \underline{\mathcal{H}}_{f'}^{U,X}$: pour U non relativement compact, si $u \in \overline{\mathcal{H}}_f^{U,X}$ on a $u \geq f$ sur $U-K_u$, K_u compact de X, donc $u \geq f'$ sur $(U-K_u) \cap (X-K) = U - (K \cup K_u) \neq \emptyset$ et $u \in \overline{\mathcal{H}}_{f'}^{U,X}$.

$u = \infty$ (resp. $v = -\infty$) se trouve dans $\overline{\mathcal{H}}_f^{U,X}$ (resp. $\underline{\mathcal{H}}_f^{U,X}$)

pour f quelconque.

Posons $\bar{h}_f^{U,X} = \inf \bar{\mathcal{H}}_f^{U,X}$, $\underline{h}_f^{U,X} = \sup \underline{\mathcal{H}}_f^{U,X}$. Pour toute $u \in \bar{\mathcal{H}}_f^{U,X}$ et toute $v \in \underline{\mathcal{H}}_f^{U,X}$ on a $v \leq u$ (on emploie 1.1.2), donc

$$\underline{h}_f^{U,X} \leq \bar{h}_f^{U,X} .$$

En particulier,

$$\underline{h}_o^{U,X} = \bar{h}_o^{U,X} = 0 .$$

Pour U relativement compact on a $\underline{h}_f^{U,X} = \bar{h}_f^{U,X} = 0$.

Observation. Si $u \in \bar{\mathcal{H}}_f^{U,X}$, alors $-u \in \underline{\mathcal{H}}_{-f}^{U,X}$.

Définitions. Une fonction numérique f, définie sur U-K, U ouvert et K compact de X, est (U,X) - surmajorée (resp. (U,X) - - sous-minorée), s'il existe une fonction surharmonique (resp. sous-harmonique) dans $\bar{\mathcal{H}}_f^{U,X}$ (resp. $\underline{\mathcal{H}}_f^{U,X}$), f est (U,X) - dominée, lorsqu'elle est (U,X) - surmajorée et (U,X) - sous-minorée. On dit surmajorée (resp. sous-minorée, dominée) sur U au lieu de (U,U) - surmajorée (resp. sous-minorée, dominée).

Si f est surmajorée, alors -f est sous-minorée. Une fonction surmajorée n'est pas nécessairement sous-minorée, par exemple $f = -\infty$ et U non relativement compact. Si f est (U,X) - surmajorée, il existe une fonction surharmonique ≥ 0 dans $\bar{\mathcal{H}}_f^{U,X}$, car toute fonction de $\bar{\mathcal{H}}_f^{U,X}$ possède une minorante sous-harmonique ≤ 0.

Soient $U \subset U'$ deux ouverts de X. Si f est (U',X) - surmajorée, alors f est aussi (U,X) - surmajorée: soit $s \in \bar{\mathcal{H}}_f^{U',X}$ une fonction surharmonique ≥ 0; lorsque U n'est pas relativement compact, U' ne l'est pas aussi et on a $s \geq f$ sur U'-K, K partie compacte de X, donc $s \geq f$ sur $U-K \neq \emptyset$ et $s \in \bar{\mathcal{H}}_f^{U,X}$.

Soient $U_1 \subset U_2$ deux ouverts de X. Si f est (U,U_1)-surmajorée, alors f est aussi (U,U_2) - surmajorée, car si U est relativement compact dans U_1, il l'est aussi dans U_2.

Soient $U \subset U'$ deux ouverts de X et $f \in \mathcal{C}(\overline{U})$. Si f est (U,X) - surmajorée, alors f est aussi (U,U') - surmajorée: soient U non relativement compact dans U', $s \in \overline{\mathcal{H}}_f^{U,X}$ fonction surharmonique ≥ 0, $s_0 > 0$ fonction surharmonique sur X et $a > 0$ réel fini tel que, pour U relativement compact, on ait $as_0 \geq f$ sur $\overline{U}$ et, pour U non relativement compact et $s \geq f$ sur U-K, K partie compacte de X, on ait $as_0 \geq f$ sur $\overline{U} \cap K$; $s + as_0$ est la fonction surharmonique cherchée; si U est relativement compact dans U', on a $\overline{U} \subset U'$ et $U^* \neq \emptyset$, donc toute fonction hyperharmonique ≥ 0 sur U se trouve dans $\overline{\mathcal{H}}_f^{U,U'}$.

Pour U non relativement compact dans U', f est (U,U') - dominée, si et seulement s'il existe une fonction surharmonique s_1 sur U, telle que (1) $|f| \leq s_1$ sur U en dehors d'une partie compacte de U': soit $s \in \overline{\mathcal{H}}_f^{U,U'}$ (resp. $s' \in \underline{\mathcal{H}}_f^{U,U'}$) fonction surharmonique ≥ 0 (resp. sous-harmonique ≤ 0), on peut prendre $s_1 = s - s'$.

Soient f,g deux fonctions (U,X) - dominées et $a \in \mathbb{R}$. Alors af et f + g, celles-ci étant définies arbitrairement dans chaque point où les opérations manquent de sens, sont (U,X) - dominées (lorsque a = 0 on emploie (1), ayant $|0 \cdot f| \leq |f|$).

Lorsque $\overline{h}_f^{U,X}$ est harmonique, elle est égale à une différence de deux fonctions harmoniques ≥ 0, si f est (U,X) - surmajorée (on le montre comme chez 1.2.4). Il s'ensuit que, pour f,g (U,X) - surmajorées et $\overline{h}_f^{U,X}$, $\overline{h}_g^{U,X}$ harmoniques, il existe $\overline{h}_f \wedge \overline{h}_g$ et $\overline{h}_f \vee \overline{h}_g$ (1.1.8)[x].

On achève ces considérations préliminaires avec l'assertion suivante. Si $s \geq 0$ est surharmonique sur X et $\underline{h}_s^{X,X} = 0$, alors s est un potentiel: pour u fonction harmonique, avec $0 \leq u \leq s$, on a $u \in \underline{\mathcal{H}}_s^{X,X}$.

[x] L'indice U,X a été supprimé quelquefois, lorsqu'aucune confusion n'est à craindre.

2.1.1 Théorème. $\overline{\mathcal{H}}_f^{U,X}$ (resp. $\underline{\mathcal{H}}_f^{U,X}$) est un ensemble de Perron sur U. Lorsque l'ensemble $\mathcal{S}$ des fonctions surharmoniques (resp. sous-harmoniques) de $\overline{\mathcal{H}}_f^{U,X}$ (resp. $\underline{\mathcal{H}}_f^{U,X}$) n'est pas vide, il est un ensemble de Perron sur U et on a

$$\overline{h}_f^{U,X} = \inf \mathcal{S} \quad (\text{resp. } \underline{h}_f^{U,X} = \sup \mathcal{S}).$$

Si $\overline{h}_f^{U,X}$ et $\underline{h}_f^{U,X}$ sont finies sur un ensemble dense dans U et égales, alors elles sont harmoniques.

Démonstration. Pour les deux premières assertions voir la démonstration de 1.2.2.

Soient V régulier dans U et W régulier dans V. On a, eu égard à 1.1.5,

$$\underline{h}_f(x) = \sup_{v \in \underline{\mathcal{S}}_f} v_V(x) = \sup_{v \in \underline{\mathcal{S}}_f} \int v_V \, d\mu_x^W \leq \int_* \underline{h}_f \, d\mu_x^W \leq \int^* \overline{h}_f \, d\mu_x^W \leq$$

$$= \inf_{u \in \mathcal{S}_f} \int u_V \, d\mu_x^W = \inf_{u \in \mathcal{S}_f} u_V(x) = \overline{h}_f(x) \quad \text{sur } W,$$

donc $x \to \int^* \overline{h}_f \, d\mu_x^W$ est harmonique sur W (1.1.8 [2]), d'où la conclusion.

2.1.2 Corollaire. Si f est (U,X) - dominée, alors $\overline{h}_f^{U,X}$ et $\underline{h}_f^{U,X}$ sont harmoniques.

2.1.3 Proposition. Soient f,g deux fonctions numériques définies sur l'ouvert U en dehors d'un compact de X. On a les propriétés élémentaires:

1) $\overline{h}_{af} = a\overline{h}_f$, $\underline{h}_{af} = a\underline{h}_f$ ($a > 0$ réel fini).

2) $\overline{h}_f = -\underline{h}_{-f}$.

3) $\overline{h}_{f+g} \leq \overline{h}_f + \overline{h}_g$, $\underline{h}_{f+g} \geq \underline{h}_f + \underline{h}_g$ [x] dans tout point où les sommes du deuxième membre ont un sens.

[x] f + g est définie arbitrairement dans chaque point où la somme manque de sens.

4) Si $f \leq g$ sur U en dehors d'un compact de X, alors $\overline{h}_f \leq \overline{h}_g$ et $\underline{h}_f \leq \underline{h}_g$.

5) $|\overline{h}_f| \leq \overline{h}_{|f|}$.

6) Si f,g sont (U,X) - surmajorées (resp. sous-minorées) et si $\overline{h}_f^{U,X}$, $\overline{h}_g^{U,X}$ (resp. $\underline{h}_f^{U,X}$, $\underline{h}_g^{U,X}$) sont harmoniques, alors max(f,g) (resp. min(f,g)) est (U,X) - surmajorée (resp. sous-minorée) et on a

$$\overline{h}_{\max(f,g)} = \overline{h}_f \vee \overline{h}_g, \quad \underline{h}_{\min(f,g)} = \underline{h}_f \wedge \underline{h}_g .$$

Démonstration. 3): raisonnement par absurde.

5): soient U non relativement compact, $u \in \overline{\mathcal{H}}_f^{U,X}$ et $v \in \underline{\mathcal{H}}_{-|f|}^{U,X}$; on a $u \geq f$ et $v \leq -|f|$ sur U-K, K partie compacte de X, donc $u-v \geq 0$ sur U-K (lorsque $f(x) = -\infty$, $v(x) = -\infty$) et, eu égard à 1.1.2, $u-v \geq 0$, $-\overline{h}_{|f|} \leq \overline{h}_f$.

6): on envisage le cas "U non relativement compact"; soient $s \in \overline{\mathcal{H}}_f^{U,X}$, $s' \in \overline{\mathcal{H}}_g^{U,X}$ surharmoniques; pour

$$s_1 = \overline{h}_f \vee \overline{h}_g + (s-\overline{h}_f) + (s'-\overline{h}_g)$$

on a $s_1 \geq s$ et $s_1 \geq s'$, donc $s_1 \in \overline{\mathcal{H}}_{\max(f,g)}^{U,X}$; $\overline{h}_{\max(f,g)}$ est harmonique (2.1.1) et on a $\overline{h}_{\max(f,g)} \leq \overline{h}_f \vee \overline{h}_g$, s et s' étant quelconques, d'où la conclusion. |

Observation. La propriété 6) de 1.2.1 n'est pas vraie pour l'opérateur $\overline{h}$. Supposons $\overline{h}_1^{X,X} \neq 0$ dans au moins un point et soient $(K_n)_{n \in \mathbb{N}}$ une exhaustion de X. Pour tout $n \in \mathbb{N}$ il existe une fonction $f_n : X \to [0,1]$ continue, avec $f_n = 1$ sur K_n et $f_n = 0$ sur $X-\mathring{K}_{n+1}$, donc $\overline{h}_{f_n}^{X,X} = 0$. $(f_n)_{n \in \mathbb{N}}$ est croissante et $\sup f_n = 1$.

2.1.4 Lemme. Soient $f \in \mathcal{C}(\overline{U})$ et $U^* \neq \emptyset$. Si f est (U,X) - dominée, alors f est (U,X) - résolutive. Pour f (U,X)-résolutive on a

$$\overline{h}_f^{U,U} = \overline{h}_f^{U,X} + H_f^{U,X}, \quad \underline{h}_f^{U,U} = \underline{h}_f^{U,X} + H_f^{U,X}.$$

<u>Démonstration</u>. Pour la première assertion on envisage, eu égard à 4.1.5 [2], seulement le cas: U non relativement compact. Soient $s \geq 0$ (resp. $s' \leq 0$) une fonction surharmonique (resp. sous-harmonique) de $\overline{\mathcal{H}}_f^{U,X}$ (resp. $\underline{\mathcal{H}}_f^{U,X}$), $s \geq f$ (resp. $s' \leq f$) sur U-K, K partie compacte de X, $s_o > 0$ fonction surharmonique sur X et $a > 0$ (resp. $b < 0$) réel fini tel que $as_o \geq f$ (resp. $bs_o \leq f$) sur $U \cap K$, $s + as_o$ (resp. $s' + bs_o$) se trouve dans $\overline{\mathcal{G}}_f^{U,X}$ (resp. $\underline{\mathcal{G}}_f^{U,X}$), donc $\overline{H}_f^{U,X}$ et $\underline{H}_f^{U,X}$ sont harmoniques (1.2.2). f^+ et f^- étant (U,X) - - dominées (2.1.3), il s'ensuit que $\overline{H}_{f^+}$ et $\overline{H}_{f^-}$, $\underline{H}_{f^+}$ et $\underline{H}_{f^-}$ sont harmoniques, donc f^+ et f^- sont (U,X) - résolutives (1.2.7) et $f = f^+ - f^-$ l'est aussi.

Soient maintenant f (U,X) - résolutive, $u_1 \in \overline{\mathcal{H}}_f^{U,X}$, $u_2 \in \overline{\mathcal{G}}_f^{U,X}$ et $\varepsilon > 0$ réel fini. L'ensemble

$$A = \left\{ x \in \overline{U} : u_1(x) + u_2(x) + \varepsilon s_o(x) \leq f(x) \right\},$$

u_1 et u_2 prolongées par limite inférieure sur U^*, est contenu dans U, car $u_1 \geq 0$ et $u_2 \geq f$ sur U^*. Si U est relativement compact, A est compact. Si U n'est pas relativement compact, on a $u_1 \geq f$ et $u_2 \geq 0$ sur U-K, K partie compacte de X, donc $A \subset U \cap K$ et A est compact. Il s'ensuit que $u_1 + u_2 + \varepsilon s_o \in \overline{\mathcal{H}}_f^{U,U}$ et on a

$$\overline{h}_f^{U,U} \leq \overline{h}_f^{U,X} + H_f^{U,X}.$$

Pour l'inégalité contraire on prend $u \in \overline{\mathcal{H}}_f^{U,U}$ et $v \in \underline{\mathcal{G}}_f^{U,X}$, u-v se trouve dans $\overline{\mathcal{H}}_f^{U,X}$. |

<u>2.1.5 Lemme.</u> Si $s \geq 0$ est une fonction surharmonique sur X, alors $\overline{h}_s^{U,X}$ est associée avec 0 en chaque point de U^*.

<u>Démonstration</u>. Soit V un ouvert relativement compact avec $U \cap V^* \neq \emptyset$. On a

$$H_s^{U\cap V,U} = (\hat{R}_s^{U-V})_U \geq (\hat{R}_s^{U-\overline{V}})_U \text{ sur } U\cap V \text{ (1.2.9)}.$$

D'autre part, $(R_s^{U-\overline{V}})_U = s$ sur $U-\overline{V}$, donc $(\hat{R}_s^{U-\overline{V}})_U \in \overline{\mathcal{H}}_s^{U,X}$ et $\overline{h}_s^{U,X} \leq$ $\leq H_s^{U\cap V,U}$ sur $U\cap V$.|

<u>Observation.</u> $\underline{h}_s^{X,X}$ est la plus grande minorante sous-harmonique de s: soit u la plus grande minorante sous-harmonique de s, on a $u\in \underline{\mathcal{H}}_s^{X,X}$.

<u>2.1.6 Proposition.</u> Si $f \geq 0$ est (U,X) - résolutive et $u = H_f^{U,X}$, alors

$$\overline{h}_u^{U,X} = 0.$$

<u>Démonstration.</u> Soit $v\in \underline{\mathcal{S}}_f^{U,X}$. On a $u-v \geq 0$ et, pour U non relativement compact, $u-v \geq u$ sur U-K, K partie compacte de X, donc $u-v\in \overline{\mathcal{H}}_u^{U,X}$ et $0 \leq \overline{h}_u^{U,X} \leq u-v$.|

<u>2.1.7 Lemme-clef.</u> Soient f (U,X) - surmajorée (resp. sous-minorée) et $\overline{h}_f^{U,X}$ (resp. $\underline{h}_f^{U,X}$) harmonique. Il existe une fonction surharmonique $s > 0$ sur U telle que, pour tout $\varepsilon > 0$ réel fini, on ait

$$\overline{h}_f^{U,X} + \varepsilon s \in \overline{\mathcal{H}}_f^{U,X} \text{ (resp. } \underline{h}_f^{U,X} - \varepsilon s \in \underline{\mathcal{H}}_f^{U,X}).$$

Lorsque U = X, il existe un potentiel avec la même propriété.

<u>Démonstration</u>. Soient $s_1\in \overline{\mathcal{H}}_f^{U,X}$ surharmonique, $(x_n)_{n\in\mathbb{N}}$ une suite de points de U dense dans U et telle que $s_1(x_n) < \infty$ pour tout n, $A = \{x_n : n\in\mathbb{N}\}$ et $m\in\mathbb{N}$. Il existe $u_1^m\in\overline{\mathcal{H}}_f^{U,X}$ finie sur A et telle que $u_1^m(x_1) - \overline{h}_f(x_1) < 2^{-m}$. De même il existe $u_2^m \in \overline{\mathcal{H}}_f^{U,X}$ finie sur A et telle que $u_2^m(x_2) - \overline{h}_f(x_2) < 2^{-m}$. On peut supposer $u_2^m(x_1) -$ $- \overline{h}_f(x_1) < 2^{-m}$, car on remplace au besoin, eu égard à 2.1.1, u_2^m par $\min(u_1^m, u_2^m)$. On obtient ainsi, par récurrence sur n, une suite double (u_n^m) de fonctions hyperharmoniques de $\overline{\mathcal{H}}_f^{U,X}$, finies sur A et telles que

$u_n^m(x_i) - \overline{h}_f(x_i) < 2^{-m}$ pour $i \leq n$ et pour tout m et n.

$s = \sum_{n=1}^{\infty} (u_n^n - \overline{h}_f)$ est finie sur A, donc elle est une fonction surharmonique ≥ 0 sur U. Soient $\varepsilon > 0$ réel fini et $m \in \mathbb{N}$ avec $\varepsilon > \frac{1}{m}$. On a

$$\overline{h}_f + \varepsilon s \geq \overline{h}_f + \frac{1}{m} \sum_{n=1}^{m} (u_n^n - \overline{h}_f) = \frac{1}{m} \sum_{n=1}^{m} u_n^n,$$

donc $\overline{h}_f + \varepsilon s \in \overline{\mathcal{H}}_f^{U,X}$. Enfin, on remplace au besoin s par $s + s'$, $s' > 0$ fonction surharmonique sur U.

Lorsque $U = X$, posons, pour chaque $n \in \mathbb{N}$,

$$s_n = \overline{h}_f^{X,X} + \frac{s}{n^2}.$$

On a $s_n \in \overline{\mathcal{H}}_f^{X,X}$, donc $s_n \geq f$ sur $X - K_n'$, K_n' compact de X. Soit $(K_n)_{n \in \mathbb{N}}$ une exhaustion de X. On peut supposer $K_i' \subset \mathring{K}_n$ pour $i \leq 2n$, car si $\ell_1 \in \mathbb{N}$ est tel que $K_1' \cup K_2' \subset \mathring{K}_{\ell_1}$, on prend celui-ci comme premier terme d'une nouvelle exhaustion, definie par récurrence comme il suit: soit $\ell_2 > \ell_1$ tel que $K_{\ell_1} \cup K_3' \cup K_4' \subset \mathring{K}_{\ell_2}$, etc.

$$p_n = R_{s_n - \overline{h}_f}^{\mathring{K}_n}$$

est un potentiel (2.2.1 [2], 1.1.4) et aussi $p = \sum_{n=1}^{\infty} p_n$ (1.1.3), car $p_n \leq \frac{s}{n^2}$.

Soient $\varepsilon > 0$ réel fini, $m \in \mathbb{N}$ avec $\varepsilon > \frac{1}{m}$, $\ell \in \mathbb{N}$ et $x \in \mathring{K}_{m+2\ell} - \mathring{K}_{m+\ell}$. Pour $i \leq 2m + 2\ell$ on a $K_i' \subset \mathring{K}_{m+\ell}$, donc $s_i \geq f$ sur $X - \mathring{K}_{m+\ell}$. On a aussi, pour $m + 2\ell \leq n \leq 2m + 2\ell$, $p_n = s_n - \overline{h}_f$ sur $\mathring{K}_{m+2\ell}$, donc

$$\overline{h}_f(x) + \varepsilon p(x) \geq \overline{h}_f(x) + \frac{1}{m} \sum_{n=m+2\ell+1}^{2m+2\ell} p_n(x) = \frac{1}{m} \sum_{n=m+2\ell+1}^{2m+2\ell} s_n(x) \geq f(x).$$

Il s'ensuit que $\overline{h}_f + \varepsilon p \geq f$ sur $X-\overset{\circ}{K}_{m+1}$ et que $\overline{h}_f + \varepsilon p \in \overline{\mathcal{H}}_f^{X,X}$.

Enfin, on remplace au besoin p par p + p', p' > 0 potentiel sur X.|

Observation 1. L'hypothèse: $\overline{h}_f^{U,X}$ harmonique n'entraîne pas la conclusion: f (U,X) - surmajorée, comme le montre l'exemple suivant de C. Constantinescu et A. Cornea. Soit $U = \bigcup_{n=1}^{\infty} U_n$, U non relativement compact, U_n relativement compact pour tout $n \in \mathbb{N}$ et les termes deux à deux disjoints (par exemple $U_n = \{z \in \mathbb{C} : |z-n| < 4^{-1}\}$). Il n'existe pas une fonction surharmonique dans $\overline{\mathcal{H}}_\infty^{U,X}$, tandis que $\overline{h}_\infty^{U,X} = 0$; si x est un point de U_n, la fonction u sur U, égale à 0 sur U_n et à ∞ sur U_m pour tout $m \neq n$, est hyperharmonique sur U (1.3.9 [2]) et $u = \infty$ sur $U-\overline{U}_n$, donc $u \in \overline{\mathcal{H}}_\infty^{U,X}$ et $\overline{h}_\infty^{U,X}(x) = 0$.

Observation 2. S'il existe une fonction surharmonique finie s_1 dans $\overline{\mathcal{H}}_f^{U,X}$ et si B est une partie dénombrable de U, on peut supposer que s (resp. p, lorsque U = X) est finie sur B: $A \cup B$ est dénombrable, soit $(z_n)_{n \in \mathbb{N}}$ la suite de ses éléments; on prend, pour tout m et n, u_n^m finie (car on la remplace, au besoin, par $\min(u_n^m, s_1)$) telle que

$$u_n^m(z_i) - \overline{h}_f(z_i) < 2^{-m} \quad \text{pour } i \leq n;$$

lorsque U = X, on a $p \leq s \sum_{n=1}^{\infty} n^{-2}$.

2.1.8 Corollaire. Lorsque f est dominée sur X et $\overline{h}_f^{X,X} = \underline{h}_f^{X,X}$, il existe un potentiel p sur X tel que $|f - \overline{h}_f| \leq p$ en dehors d'un compact de X. Si $f \in \mathcal{C}(X)$ on a

$$|f - \overline{h}_f| \leq p \quad \text{sur } X,$$

avec $p \in \mathcal{C}(X)$.

Démonstration. Pour la première assertion on prend $\varepsilon = 1$

dans 2.1.7. Si $f \in \mathcal{C}(X)$, le potentiel $R^X_{|f-\bar{h}_f|}$ justifie la deuxième assertion (2.5.6 [2] peut être complété par: f finie et continue dans x $\Longrightarrow R^X_f(x) < \infty$).

2.1.9 Lemme. Soient $U \subset U'$ deux ouverts de X. Si f est (U',X) - surmajorée et si $f' = \bar{h}_f^{U',X}$ est harmonique, alors f' est (U,X) - surmajorée et on a

$$\bar{h}_f^{U,X} = \bar{h}_{f'}^{U,X} .$$

Démonstration. Le cas: U relativement compact étant trivial, on envisage le cas: U non relativement compact. Soient $u \in \bar{\mathcal{H}}_{f'}^{U,X}$ et $u' \in \bar{\mathcal{H}}_f^{U',X}$, alors $u + u' - f' \in \bar{\mathcal{H}}_f^{U,X}$: on a $u' - f' \geq 0$; U n'est pas relativement compact, donc $u' \geq f$ et $u \geq f'$ sur U-K, K partie compacte de X. Ainsi $\bar{h}_f^{U,X} \leq \bar{h}_{f'}^{U,X}$.

Pour l'inégalité contraire soient $s' \in \bar{\mathcal{H}}_f^{U',X}$, $s \in \bar{\mathcal{H}}_f^{U,X}$ deux fonctions surharmoniques avec $s' \geq 0$ et, lorsque $U^* \cap U' \neq \emptyset$, $\bar{s} \in \bar{\mathcal{S}}_{s'}^{U,U'}$. s' est (U,U') - résolutive (1.2.8). La fonction t sur U', égale à s' sur U'-U et à $\min(s', s+\bar{s})$ sur U, est surharmonique (1.3.10 [2]) et se trouve dans $\bar{\mathcal{H}}_f^{U',X}$: on a $s' \geq f$ sur U'-K et $s \geq f$ sur U-K, K partie compacte de X, donc $t \geq f$ sur U'-K; $\liminf_{x \to y} t(x) \geq 0$ sur U'^*, car pour $y \notin U^*$ $t = s'$ sur un voisinage de y et pour $y \in U^*$ - raisonnement par absurde. Ainsi

$$f' \leq s + H_{s'}^{U,U'} \text{ sur } U.$$

Pour $u = H_{s'}^{U,U'}$ on a $\bar{h}_u^{U,U'} = 0$ (2.1.6), soit $s_1 > 0$ la fonction surharmonique sur U donnée par le lemme-clef. Si $\varepsilon > 0$ est réel fini, on a alors $\varepsilon s_1 \geq H_{s'}^{U,U'}$ sur U-K', K' partie compacte de U', donc $f' \leq s + \varepsilon s_1$ sur U-K' et $s + \varepsilon s_1 \in \bar{\mathcal{H}}_{f'}^{U,X}$. Il s'ensuit que f' est (U,X) - surmajorée et que $\bar{h}_{f'}^{U,X} \leq \bar{h}_f^{U,X}$.

Lorsque $U^* \cap U' = \emptyset$, la fonction sur U', égale à s' sur U'-U et à $\min(s',s)$ sur U, est une fonction surharmonique (1.3.9 [2]) qui se trouve dans $\overline{\mathcal{H}}_{f}^{U',X}$, donc $f' \leq s$ sur U, $s \in \overline{\mathcal{H}}_{f'}^{U,X}$ et $\overline{h}_{f'}^{U,X} \leq \overline{h}_{f}^{U,X}$. |

Observation. L'inégalité $\overline{h}_{f}^{U,X} \leq \overline{h}_{f'}^{U,X}$ est vraie sans l'hypothèse: f (U',X) - surmajorée.

2.1.1o Proposition. Soient E une partie de X, f sous-minorée sur X et $u = \underline{h}_{f}^{X,X} \geq 0$ harmonique. Si l'on a $f \leq 0$ sur E-P, P polaire, en dehors d'un compact de X, alors $\hat{R}_{u}^{E}$ est un potentiel.

Démonstration. Supposons E-P non relativement compact. Il existe un potentiel p sur X et une partie compacte K de X avec $u-p \leq 0$ sur (E-P) - K (lemme-clef), donc

$$\hat{R}_{u}^{E-P} \leq p + \hat{R}_{u}^{K} .$$

Le deuxième terme est un potentiel (1.1.4). |

§2. Fonctions harmonisables

Définition. Une fonction f (U,X) - dominée est (U,X) - harmonisable, lorsque $\overline{h}_{f}^{U,X} = \underline{h}_{f}^{U,X}$. On pose dans ce cas.

$$\overline{h}_{f}^{U,X} = \underline{h}_{f}^{U,X} = h_{f}^{U,X}.$$

On dit harmonisable sur U au lieu de (U,U) - harmonisable.

2.2.1 Proposition. Soient f,g deux fonctions (U,X) - harmonisables et $a \in \mathbb{R}$. Alors af[x)], f + g[x)], max(f,g), min(f,g), |f| sont (U,X) - harmonisables et on a:

1) $h_{af} = a h_{f}$.
2) $h_{f+g} = h_{f} + h_{g}$.
3) $h_{\max(f,g)} = h_{f} \vee h_{g}$, $h_{\min(f,g)} = h_{f} \wedge h_{g}$.
4) $h_{f} = 0 \Longleftrightarrow h_{|f|} = 0$.

---

x) af et f+g sont définies arbitrairement dans chaque point où les opérations manquent de sens.

<u>Démonstration</u>. 1): pour U non relativement compact, si $a = o$ posons $O.f = g$, g est (U,X) - dominée (voir les préliminaires); soient $u \in \overline{\mathcal{H}}_f^{U,X}$ et $v \in \underline{\mathcal{H}}_f^{U,X}$, on a $u \geq f$ et $v \leq f$ sur U-K, K partie compacte de X, donc $u-v \geq g$ (resp. $v-u \leq g$) sur U-K et u-v (resp. v-u) se trouve dans $\overline{\mathcal{H}}_g^{U,X}$ (resp. $\underline{\mathcal{H}}_g^{U,X}$), car $u-v \geq 0$; il s'ensuit que $\overline{h}_g = \underline{h}_g = 0$.

3): soit $s' \in \underline{\mathcal{H}}_f$ fonction sous-harmonique, alors $s' \in \underline{\mathcal{H}}_{\max(f,g)}$, donc $\underline{h}_{\max(f,g)}$ est harmonique (2.1.1) et on a $h_f \vee h_g \leq \underline{h}_{\max(f,g)}$, d'où la conclusion.

4): $f = f^+ - f^-$, $|f| = f^+ + f^-$. |

<u>Observation.</u> L'implication: $\overline{h}_{|f|} = 0 \Longrightarrow \overline{h}_f = \underline{h}_f = 0$ est vraie même sans l'hypothèse: f (U,X) - harmonisable, car on a $\overline{h}_f \leq \overline{h}_{f^+} - \underline{h}_{f^-}$, $\underline{h}_f \geq \underline{h}_{f^+} - \overline{h}_{f^-}$.

<u>2.2.2 Théorème.</u> Soient $U \subset U'$ deux ouverts de X. Si f est (U',X) - harmonisable, alors f et $f' = h_f^{U',X}$ sont (U,X) - harmonisables et on a

$$h_f^{U,X} = h_{f'}^{U,X} .$$

<u>Démonstration.</u> On peut supposer $f \geq 0$, car $f = f^+ - f^-$ et on emploie 2.2.1. Il existe une fonction surharmonique $s' > 0$ sur U' telle que, pour $\varepsilon > 0$ réel fini, on ait $f' - \varepsilon s' \in \underline{\mathcal{H}}_f^{U',X}$ (lemme-clef),donc $\limsup_{x \to y} \left[f'(x) - \varepsilon s'(x)\right] \leq 0$ sur U'^*, $\overline{h}_{f'}^{U,X}$ est est associée avec 0 en chaque point de $U^* \cap U'$ (2.1.5), donc, si p_o est un potentiel de Evans sur U, on a

$$\limsup_{x \to y} \left[\overline{h}_{f'}^{U,X}(x) - p_o(x)\right] \leq 0 \text{ sur } U^* \cap U' \ (1.2.14)$$

et alors

$$\overline{h}_{f'}^{U,X} - p_o - \varepsilon s' \in \underline{\mathcal{H}}_{f'}^{U,X},$$

car $\overline{h}_{f'}^{U,X} \leq f'$. Il s'ensuit, eu égard à 2.4.2 [2] et 2.1.5 [2], que $\overline{h}_{f'}^{U,X} \leq \underline{h}_{f'}^{U,X}$, les deux membres étant harmoniques (2.1.1), donc $\overline{h}_{f'}^{U,X} = \underline{h}_{f'}^{U,X}$. Enfin, $\overline{h}_{f'}^{U,X} = \overline{h}_{f}^{U,X}$, $\underline{h}_{f'}^{U,X} = \underline{h}_{f}^{U,X}$ (voir 2.1.9) et f est (U,X) - dominée (voir les considérations préliminaires). |

Observation. Pour U = U' on a la formule:

$$h_f^{U',X} = h^{U',X}_{h_f^{U',X}} .$$

2.2.3 Corollaire. Soit $f \in \mathcal{C}(\overline{U})$. f est harmonisable sur U, si et seulement si elle est (U,X) - harmonisable. Si f est harmonisable sur X, elle est harmonisable sur U.

Démonstration. Pour la première assertion, lorsque $U^* = \emptyset$ on a $\overline{\mathcal{H}}_f^{U,U} = \overline{\mathcal{H}}_f^{U,X}$ et $\underline{\mathcal{H}}_f^{U,U} = \underline{\mathcal{H}}_f^{U,X}$ (considérations préliminaires de §1) et, lorsque $U^* \neq \emptyset$, si f est (U,X) - dominée, elle est dominée sur U (considérations préliminaires) et on emploie 2.1.4.

Pour la deuxième assertion on emploie 2.2.2. |

2.2.4 Corollaire. Soit f harmonisable sur X et égale à 0 cuasipartout sur (X-U)-K, U ouvert et K compact de X. Si $h_f^{U,X} = 0$, alors $h_f^{X,X} = 0$.

Démonstration. Posons $u = h_{|f|}^{X,X}$, on a $u \in \overline{\mathcal{H}}_u^{U,U} \cap \underline{\mathcal{H}}_u^{U,U}$, donc $u = h_u^{U,U}$. À l'aide de 2.2.2 et 2.2.1 on obtient $h_u^{U,X} = h_{|f|}^{U,X} = 0$.

Si $U^* = \emptyset$, alors $h_u^{U,U} = h_u^{U,X}$ (considérations préliminaires de §1), donc u = 0 sur U, $u \leq R_u^{X-U}$ et $u = \hat{R}_u^{X-U}$. Si $U^* \neq \emptyset$, alors

$$u = H_u^{U,X} = R_u^{X-U} \quad \text{sur U (2.1.4, 1.2.8),}$$

d'où la même conclusion: $u = \hat{R}_u^{X-U}$.

$$\hat{R}_u^{X-U} \leq \hat{R}_u^{(X-U)-K} + \hat{R}_u^{K},$$

donc u = 0 et $h_f^{X,X} = 0$ (2.8.4 [2], 1.1.4).|

2.2.5 Corollaire. Soit $\mathcal{S}$ un ensemble de fonctions surharmoniques sur X. Si $f = \inf \mathcal{S}$ possède une minorante sous-harmonique ≤ 0, alors f est (U,X) - harmonisable, U quelconque.

Démonstration. Il suffit de montrer que f est harmonisable sur X. Si s' est une minorante sous-harmonique ≤ 0 de f, on a $s \geq f \geq s'$ pour toute $s \in \mathcal{S}$, donc $s \in \bar{\mathcal{H}}_f^{X,X}$ et $\bar{h}_f^{X,X} \leq f$. f est alors dominée sur X, car $s' \in \underline{\mathcal{H}}_f^{X,X}$ et $\bar{h}_f^{X,X} \in \underline{\mathcal{H}}_f^{X,X}$, car s-s' est une majorante surharmonique ≥ 0 du premier membre. Il s'ensuit que $\bar{h}_f^{X,X} \leq \underline{h}_f^{X,X}$, d'où la conclusion. |

Observation. Toute fonction surharmonique ≥ 0 sur X est (U,X) - harmonisable, U quelconque.

2.2.6 Théorème. Soit f (U,U') - harmonisable et telle que $|f| \leq s$ sur U-K, $s \geq 0$ surharmonique sur X et K partie compacte de U'. Alors f est (U,X) - harmonisable. Lorsque $h_f^{U,U'} = 0$, on a $h_f^{U,X} = 0$.

Démonstration. Soit $h_f^{U,U'} = 0$, alors $h_{|f|}^{U,U'} = 0$. Pour toute $u \in \bar{\mathcal{H}}_{|f|}^{U,U'}$ on a $u \geq 0$, donc $u \in \bar{\mathcal{H}}_{|f|}^{U,X}$ et $\bar{h}_{|f|}^{U,X} = 0$, f étant (U,X) - dominée (2.2.1 Observation). ($h_f^{U,X} = 0$,)

Supposons f harmonique et ≥ 0 sur U. $\bar{h}_f^{U,X}$ est associée avec 0 en chaque point de U^*, car $\bar{h}_f^{U,X} \leq h_s^{U,X}$ (2.1.5). Si p_0 est un potentiel de Evans sur U, alors

$$\limsup_{x \to y} \left[\bar{h}_f^{U,X}(x) - p_0(x)\right] \leq 0$$

pour tout $y \in U^*$ (1.2.14), donc $\bar{h}_f^{U,X} - p_0 \in \underline{\mathcal{H}}_f^{U,X}$, car $\bar{h}_f^{U,X} \leq f$, et $\bar{h}_f^{U,X} \leq \underline{h}_f^{U,X}$, eu égard à 2.4.2 [2].

Maintenant dans le cas général posons $u = h_{f^+}^{U,U'}$, u est (U,U') - harmonisable (2.2.2). On a $u \leq s$, car $f^+ \leq s$ sur U-K, donc u est (U,X) - harmonisable. On a aussi $h^{U,U'}_{u-f^+} = 0$ (2.2.2), donc $u-f^+$ est (U,X) - harmonisable, car $|u-f^+| \leq 2s$ sur U-K. Il s'ensuit que f^+ est (U,X) - harmonisable, ayant $f^+ = (f^+ - u) + u$. On obtient pareillement que f^- est (U,X) - harmonisable, donc f.|

Observation. L'implication, qu'on a d'abord démontrée, est:

$$\bar{h}^{U,U'}_{|f|} = 0 \Longrightarrow \bar{h}^{U,X}_{|f|} = 0, \text{ f quelconque.}$$

2.2.7 Théorème. Soit f fonction numérique, définie en dehors d'un compact de X, telle que $|f| \leq s$ sur X-K, $s \geq 0$ surharmonique sur X et K partie compacte de X. Si f est (U,X) - harmonisable et si $\hat{R}^{X-U}_s$ est un potentiel, alors elle est harmonisable sur X. Lorsque $h^{U,X}_f = 0$, on a $h^{X,X}_f = 0$.

Démonstration. $u = \bar{h}^{X,X}_f - \underline{h}^{X,X}_f$ est harmonique. On a

$$\bar{h}^{U,X}_u \leq \bar{h}^{U,X}_{\bar{h}^{X,X}_f} - \underline{h}^{U,X}_{\underline{h}^{X,X}_f} = \bar{h}^{U,X}_f - \underline{h}^{U,X}_f = 0 \qquad (2.1.9),$$

donc $h^{U,X}_u = 0$. On obtient alors, comme chez 2.2.4. Démonstration, $u = \hat{R}^{X-U}_u$. On a $u \leq 2s$, donc $\hat{R}^{X-U}_u$ est un potentiel et u = 0.

Pour la deuxième assertion posons $v = h^{X,X}_{|f|}$. On a $h^{U,X}_v = h^{U,X}_{|f|} = 0$, donc, comme plus haut, $v = \hat{R}^{X-U}_v$ et le deuxième membre est un potentiel, car $v \leq s$.|

2.2.8 Corollaire. Dans les conditions de 2.2.7 et pour $K \subset U$, si f est harmonisable sur U, alors elle est harmonisable sur X. Lorsque $h^{U,U}_f = 0$, on a $h^{X,X}_f = 0$.

Démonstration. On emploie 2.2.6 et 2.2.7.|

2.2.9 Proposition. Soient U_1, U_2 deux ouverts disjoints, $U = U_1 \cup U_2$ et f_i (U_i, X) - harmonisable pour i = 1,2. La fonction f, égale à f_i sur U_i pour i = 1,2, est (U,X) - harmonisable et

$$h_f^{U,X} = h_{f_i}^{U_i,X} \qquad \text{sur } U_i$$

pour i = 1,2.

Démonstration. Le cas "U relativement compact" étant trivial, on envisage le cas "U non relativement compact", donc on peut supposer U_1 non relativement compact. On a $\overline{U}_1 \cap U_2 = U_1 \cap \overline{U}_2 = \emptyset$.

Soit $u_i \in \overline{\mathcal{H}}_{f_i}^{U_i,X}$ pour i = 1,2. La fonction u sur U, égale à u_i sur U_i pour i = 1,2, se trouve dans $\overline{\mathcal{H}}_f^{U,X}$: u est hyperharmonique sur U et possède une minorante sous-harmonique ≤ 0 (1.3.9 [2]); $u \geq f$ sur $U_1 - K = U-(K \cup \overline{U}_2)$, K partie compacte de X (on a supposé U_2 relativement compact); on a $U^* \subset U_1^* \cup U_2^*$ et lorsque $y \in U_1^* \cap U_2^*$, alors $\liminf_{x \to y} u(x) \geq 0$ (on emploie: $\liminf_{x \to y, x \in A} g(x) \geq a$ et $\liminf_{x \to y, x \in B} g(x) \geq a \Longrightarrow \liminf_{x \to y, x \in A \cup B} g(x) \geq a$) et lorsque, par exemple, $y \in U_1^* - U_2^*$, alors $\liminf_{x \to y} u(x) = \liminf_{x \to y} u_1(x)$. Il s'ensuit, d'une part, que f est (U,X) - dominée et, d'autre part, que sur U_i, pour i = 1,2, on a

$$\underline{h}_{f_i}^{U_i,X} \leq \underline{h}_f^{U,X} \leq \overline{h}_f^{U,X} \leq \overline{h}_{f_i}^{U_i,X} ,$$

d'où la conclusion, f_i étant (U_i,X) - harmonisable.

2.2.10 Corollaire. Soient U_1, U_2 deux ouverts disjoints non vides avec $X-(U_1 \cup U_2)$ compact et f_i harmonisable sur X pour i = 1,2. La fonction f, égale à f_i sur U_i pour i = 1,2, est harmonisable sur X.

Démonstration. Posons $K = X-(U_1 \cup U_2)$. $U = U_1 \cup U_2$ n'est pas relativement compact, donc on peut supposer que U_1 ne l'est pas aussi. f est définie sur X en dehors d'un compact: si, par exemple, U_2 est relativement compact, f_1 est définie sur $X-K_1$, K_1 partie compacte de X et on a $\emptyset \neq U_1-K_1 = X-(K_1 \cup K \cup \overline{U}_2)$. Il existe une fonction surharmonique $s \geq 0$ sur X telle que $|f_1| \leq s$ sur $X-K_1'$,

K_1' partie compacte de X, donc sur $U_1-K_1' = X-(K_1' \cup K \cup \overline{U}_2)$. $\hat{R}_g^{X-U}$ est un potentiel (1.1.4), f_i est (U_i,X) - harmonisable pour i = 1,2 (2.2.2), f est (U,X) - harmonisable (2.2.9), donc f est harmonisable sur X (2.2.7). |

2.2.11 Proposition. Soient f,g deux fonctions numériques finies sur X, $g \geq 0$ localement bornée sur X, fg et g harmonisables sur X. Si $a < b$ sont deux nombres réels finis et si $A = \{x \in X : f(x) \leq a\}$, $B = \{x \in X: f(x) \geq b\}$, alors min $(\hat{R}_g^A, \hat{R}_g^B)$ x) est un potentiel.

Démonstration. Posons $c = \frac{a+b}{2}$, $f_A = \max(\frac{c-f}{c-a}, 0)$, $f_B = \max(\frac{f-c}{b-c}, 0)$, donc $\min(gf_A, gf_B) = 0$. gf_A et gf_B sont harmonisables sur X (2.2.1), posons $u_1 = h_{gf_A}$, $u_2 = h_{gf_B}$ xx). On a

$$h_{\min(u_1,u_2)} = h_{u_1} \wedge h_{u_2} = u_1 \wedge u_2 = h_{\min(gf_A,gf_B)} = 0 \quad (2.2.2),$$

donc min (u_1,u_2) est un potentiel (considérations préliminaires de §1). Il existe un potentiel $p > 0$ sur X tel que $gf_A \leq u_1 + p$ et $gf_B \leq u_2 + p$ sur X-K, K compact de X (lemme-clef) et, pour $\alpha = \sup g(K)$, $p \geq \alpha$ sur K. $f_A \geq 1$ sur A et $f_B \geq 1$ sur B, donc $g \leq u_1 + p$ sur A et $g \leq u_2 + p$ sur B, donc

$$\min(\hat{R}_g^A, \hat{R}_g^B) \leq \min(u_1,u_2) + p$$

et le deuxième membre est un potentiel. |

Observation. Pour $C = \{x \in X : f(x) = a\}$ et $D = \{x \in X: f(x) = b\}$ on a $\hat{R}_g^C \leq \hat{R}_g^A$ et $\hat{R}_g^D \leq \hat{R}_g^B$, donc $\min(\hat{R}_g^C, \hat{R}_g^D)$ est un potentiel.

2.2.12 Théorème. Soient $g \geq 0$ harmonisable et localement

---

x) Convention: $R_g^{\emptyset} = 0$.

xx) Dans 2.2.11 et 2.2.12 l'indice X,X a été supprimé.

bornée sur X, f fonction numérique finie sur X et, pour tout $a \in \mathbb{R}$, $E_a = \{x \in X: f(x) = a\}$. Si fg est harmonisable sur X, alors $\hat{R}_g^{E_a}$ x) est un potentiel, sauf pour a dans un ensemble dénombrable. Si f est continue bornée sur X et si $\hat{R}_g^{E_a}$ est un potentiel pour tout a dans un ensemble partout dense, alors fg est harmonisable sur X.

Démonstration. Posons $t_a = R_g^{E_a}$. Il existe un potentiel $p > 0$ sur X tel que $g \leq h_g + p$ (lemme-clef, g est bornée sur tout compact de X), donc, pour tout a, t_a est majorée par une fonction surharmonique sur X, t_a est harmonisable sur X (2.2.5) et $h_{t_a} = h_{\hat{t}_a} \leq h_g$.

1) Soit d'abord fg harmonisable. Pour tout couple a,b de nombres réels distincts $\min(\hat{t}_a, \hat{t}_b)$ est un potentiel (2.2.11), donc

$$h_{\hat{t}_a} \wedge h_{\hat{t}_b} = 0 \quad (2.2.1), \quad h_{\hat{t}_a} + h_{\hat{t}_b} = h_{\hat{t}_a} \vee h_{\hat{t}_b} \leq h_g.$$

Toute somme finie analogue est majorée par h_g: si, par exemple, c est distinct de a et b, on a

$$h_{\hat{t}_a} + h_{\hat{t}_b} + h_{\hat{t}_c} = h_{\hat{t}_a} \vee (h_{\hat{t}_b} + h_{\hat{t}_c}) + h_{\hat{t}_a} \wedge (h_{\hat{t}_b} + h_{\hat{t}_c})$$

et le deuxième terme est majoré par $h_{\hat{t}_a} \wedge h_{\hat{t}_b} + h_{\hat{t}_a} \wedge h_{\hat{t}_c}$. Il s'ensuit que $(h_{\hat{t}_a}(x))_{a \in \mathbb{R}}$ est une famille sommable dans $\mathbb{R}$ pour tout $x \in X$.

Soient $(x_n)_{n \in \mathbb{N}}$ une suite de points de X partout dense et $(A_i)_{i \in \mathbb{N}}$ une suite d'ensembles dénombrables définie, par récurrence sur i, comme il suit: A_1 est l'ensemble des $a \in \mathbb{R}$ tels que $h_{\hat{t}_a}(x_1) \neq 0$ et A_{i+1} l'ensemble des $a \in \mathbb{R} - \bigcup_{j=1}^{i} A_j$ tels que $h_{\hat{t}_a}(x_{i+1}) \neq 0$. On a, pour tout $a \in \mathbb{R} - \bigcup_{i=1}^{\infty} A_i$, $h_{\hat{t}_a}(x_n) = 0$ pour tout n, donc $h_{\hat{t}_a} = 0$ et $\hat{t}_a$ est un potentiel (considérations préliminaires de §1).

x) Convention: $R_g^{\emptyset} = 0$.

2) Soient maintenant f continue sur X, avec $|f|<r$, $r>0$ réel fini et $\hat{t}_a$ potentiel pour tout a dans l'ensemble J partout dense. On peut supposer $0<f<1$, car on obtient de J, par une omothétie suivie d'une translation, un ensemble partout dense. Il existe un potentiel $p>0$ sur X tel que $|g-h_g|_{E_a} \leq p$ (lemme-clef, g est bornée sur tout compact de X), donc si $\hat{R}_g^{E_a}$ est un potentiel, alors $\hat{R}_{h_g}^{E_a}$ l'est aussi et si fh_g est harmonisable sur X, fg l'est aussi, car $|fg - fh_g| \leq p$, donc la différence est harmonisable sur X. Il s'ensuit qu'on peut supposer g harmonique sur X.

Soient $\varepsilon>0$ réel fini et a_i, pour $0 \leq i \leq n$, $n+1$ nombres de J avec

$$0 = a_0 < a_1 < \dots < a_n = 1 \text{ et } a_i - a_{i-1} < \varepsilon, \quad F_i = \{x \in X:\ a_{i-1} \leq f(x) \leq a_i\},$$

$$G_i = \{x \in X:\ a_{i-1} < f(x) < a_i\}.$$

On a, sur $X-F_i$, $s_i = R_g^{F_i} = R_g^{E_{a_{i-1}} \cup E_{a_i}}$, donc $\hat{s}_i \leq \hat{t}_{a_{i-1}} + \hat{t}_{a_i}$ car $X-F_i$ est ouvert et alors $\hat{R}_{\hat{s}_i}^{X-F_i}$ est un potentiel. s_i est harmonique et égale à $\hat{s}_i$ sur $X-F_i$ (2.3.5 [2]), donc

$$R_{s_i}^{X-F_i} = R_{\hat{s}_i}^{X-F_i} = \hat{R}_{\hat{s}_i}^{X-F_i} \leq \hat{s}_i \leq s_i$$

et, sur $X-F_i$, $s_i = R_{s_i}^{X-F_i}$. On a encore $\bigcup_{i=1}^{n} F_i = X$, $s_i = g$ sur F_i et $t_{a_i} = g$ sur E_{a_i}. Alors

$$(1) \quad \sum_{i=2}^{n} a_{i-1} \left(s_i - R_{s_i}^{X-F_i} - t_{a_i}\right) \leq fg \leq \sum_{i=1}^{n} a_i s_i,$$

$$(2) \quad \sum_{i=1}^{n} \left(s_i - R_{s_i}^{X-F_i} - t_{a_i}\right) \leq g,$$

car, pour la première des inégalités (1), on a, sur G_2 par exemple,

$$\sum_{i=2}^{n} a_{i-1}\,(s_i - R_{s_i}^{X-F_i} - t_{a_i}) \leq a_1 g + \sum_{i=3}^{n} (-a_{i-1} t_{a_i}) \leq fg$$

et, sur E_{a_2} par exemple,

$$\sum_{i=2}^{n} a_{i-1}(s_i - R_{s_i}^{X-F_i} - t_{a_i}) = a_1(-R_{s_2}^{X-F_2}) + a_2(g - R_{s_3}^{X-F_3} - t_{a_3}) +$$

$$+ \sum_{i=4}^{n} (-a_{i-1}\, t_{a_i}) \leq fg.$$

$R_{s_i}^{X-F_i}$ et $\hat{t}_{a_i}$ sont des potentiels, donc, si l'on applique dans (1) $\underline{h}$ à la première inégalité, $\overline{h}$ à la deuxième inégalité et dans (2) h, on obtient

$$\sum_{i=2}^{n} a_{i-1} h_{s_i} \leq \underline{h}_{fg} \leq \overline{h}_{fg} \leq \sum_{i=1}^{n} a_i h_{s_i}, \quad \sum_{i=1}^{n} h_{s_i} \leq h_g,$$

donc

$$\overline{h}_{fg} - \underline{h}_{fg} \leq \varepsilon \sum_{i=1}^{n} h_{s_i} \leq \varepsilon h_g.$$

Enfin, fg est dominée sur X, ayant $fg \leq g$. |

Soit f une fonction numérique définie sur U-K, U ouvert et K compact de X.

__Définition.__ f est associée avec 0, suivant U, dans le point d'Alexandrov de X, si $\overline{h}^{U,X}_{|f|} = 0$.

Lorsque f a cette propriété suivant U, elle a cette propriété suivant tout V avec $V \subset U$: si V n'est pas relativement compact, U ne l'est pas aussi, pour toute $u \in \overline{\mathcal{H}}^{U,X}_{|f|}$ on a $u \geq 0$ sur U et $u \geq |f|$ sur U-K, K partie compacte de X, donc sur $V-K \neq \emptyset$ et $u \in \overline{\mathcal{H}}^{V,X}_{|f|}$.

__2.2.13 Proposition.__ Soit $s_1 \geq 0$ fonction surharmonique sur X. Les propositions suivantes sont équivalentes:

1) $h_{s_1}^{U,X} = 0$;

2) toute fonction hyperharmonique u sur U est ≥ 0 si, lorsque $U^* \neq \emptyset$, $\liminf_{x \to y} u(x) \geq 0$ sur U^* et si $u \geq -as_1$ sur U en dehors d'un compact de X, $a > 0$ réel fini.

Démonstration. Supposons U non relativement compact, le cas contraire étant trivial.

1)$\Longrightarrow$2): soit b réel fini $> a$, on a $h_{bs_1}^{U,X} = 0$, donc il existe une fonction surharmonique $s' > 0$ sur U, telle que $\varepsilon s' \in \bar{\mathcal{H}}_{bs_1}^{U,X}$ pour tout $\varepsilon > 0$ réel fini (lemme-clef); alors $\varepsilon s' \geq bs_1$ et $u \geq -as_1$ sur U-K, K partie compacte de X, donc $u + \varepsilon s' \geq 0$ (1.1.2) et $u \geq 0$.

2)$\Longrightarrow$1): soit p_o potentiel de Evans sur U, on a, pour tout $y \in U^*$,

$$\liminf_{x \to y} \left[p_o(x) - h_{s_1}^{U,X}\right] \geq 0 \qquad (2.1.5,\ 1.2.14)$$

et $p_o - h_{s_1}^{U,X} \geq -s_1$, donc $p_o - h_{s_1}^{U,X} \geq 0$ et $h_{s_1}^{U,X} = 0$. |

Définitions. $f \in \mathcal{C}(X)$ est une fonction de Wiener sur X, lorsqu'elle est harmonisable sur X. Si $h_f^{X,X} = 0$, f est un potentiel de Wiener sur X.

Soit $\mathcal{W}(X)$ (resp. $\mathcal{W}_o(X)$) l'ensemble des fonctions de Wiener (resp. potentiels de Wiener) sur X.

2.2.14 Proposition. $\mathcal{W}(X)$ (resp. $\mathcal{W}_o(X)$) est un espace de Riesz pour l'ordre naturel.

Démonstration. On emploie 2.2.1 et 2.2.2, $\sup\{f,g\} = \max(f,g)$, $\inf\{f,g\} = \min(f,g)$. |

Observation. Si f est harmonisable sur X, alors $h_f^{X,X} \in \mathcal{W}(X)$ (2.2.2). Si p de $\mathcal{C}(X)$ est un potentiel, alors $p \in \mathcal{W}_o(X)$.

$\mathcal{W}_o(X)$ n'est pas vide.

2.2.15 Proposition. Une fonction de $\mathcal{C}(X)$ est un potentiel de Wiener sur X, si et seulement si son module est majoré par un potentiel.

Démonstration. On emploie 2.1.8 .|

2.2.16 Proposition. Pour tout fermé F de X et pour tout $x \notin F$ il existe un potentiel f de Wiener sur X avec $f(x) \notin \overline{f(F)}$.

Démonstration. Soit K un voisinage compact de x disjoint de F. Il existe une fonction continue $f: X \to [0,1]$ avec $f(x) = 1$ et $f = 0$ sur $X-K = U$. f est (U,X) - harmonisable. Soit $s > 0$ fonction surharmonique sur X telle que $s \geq 1$ sur K, donc $s \geq f$. $\hat{R}_s^K$ est un potentiel (1.1.4), donc f est le potentiel de Wiener cherché (2.2.7).|

2.2.17 Lemme. Soient f fonction de Wiener sur X et U un ouvert avec $U^* \neq \emptyset$. La fonction g sur X, égale à $H_f^{U,X}$ sur U et à f sur X-U, est harmonisable sur X.

Démonstration. Il existe une fonction surharmonique s sur X avec $|f| \leq s$, car f est dominée et continue sur X. Il s'ensuit que f^+ et f^- sont (U,X) - résolutives (1.2.7, 1.2.2), donc f.

Posons $u = h_f^{X,X}$. Il existe un potentiel p sur X tel que $|f-u| \leq p$ (2.1.8). Soit

$$v = g-R_{u \vee o}^{X-U} + R_{(-u) \vee o}^{X-U}.$$

Alors $|v| \leq p$, car sur X-U $R_{u \vee o}^{X-U} - R_{(-u) \vee o}^{X-U}$ est égale à $(u \vee o)-$ $- (-u)\vee o = u$ ($u \vee o = u^+$ et $(-u)\vee o = u^-$ dans l'espace de Riesz des différences de fonctions harmoniques ≥ 0 sur X) et sur U à $H_{u \vee o}^{U,X} - H_{(-u)\vee o}^{U,X} = H_u^{U,X}$ (1.2.9). Il s'ensuit que v est harmonisable sur X, donc g, car $R_{u \vee o}^{X-U}$ et $R_{(-u)\vee o}^{X-U}$ le sont (2.2.5).|

Soient $\mathcal{V}$ l'ensemble des ouverts non vides relativement compacts de X, pour tout $V \in \mathcal{V}$ $\mathcal{V}_V$ l'ensemble $\{V' \in \mathcal{V} : V' \supset V\}$ et

$\mathcal{V}^*$ le filtre sur $\mathcal{V}$ ayant pour base les ensembles $\mathcal{V}_V$, lorsque V parcourt $\mathcal{V}$.

2.2.18 Proposition. Si U est un ouvert de X et $s \geq 0$ une fonction surharmonique sur U, on a

$$\underline{h}_s^{U,X} \leq \liminf_{V,\mathcal{V}^*} (R_s^{U-V})_U \leq \limsup_{V,\mathcal{V}^*} (R_s^{U-V})_U \leq \overline{h}_s^{U,X} \text{ sur } U^{x)}$$

Démonstration. Supposons U non relativement compact, le cas contraire étant trivial et soit $u \in \overline{\mathcal{H}}_s^{U,X}$. Il existe $W \in \mathcal{V}$ tel que $u \geq s$ sur U-W et (que) $\overline{U \cap W} \neq \emptyset$. Pour tout $V \in \mathcal{V}$ qui contient W on a $u \in \overline{\mathcal{G}}_{s_o}^{U \cap V,X}$, s_o étant la fonction sur X égale à s sur U et à o sur X-U, car $(U \cap V)^* \subset (U^* \cap \overline{V}) \cup (U \cap V^*)$. Il s'ensuit que

$$(R_s^{U-V})_U = H_{s_o}^{U \cap V,X} \leq u \quad \text{sur } U \cap V \text{ (1.2.16), donc sur } U,$$

car $(R_s^{U-V})_U = s$ sur U-V,

$$\limsup_{V,\mathcal{V}^*} (R_s^{U-V})_U \leq u, \quad \limsup_{V,\mathcal{V}^*} (R_s^{U-V})_U \leq \overline{h}_s^{U,X}.$$

Quant à la première inégalité, notons seulement que si $v \in \underline{\mathcal{H}}_s^{U,X}$, alors v est bornée supérieurement sur $U \cap V$, $V \in \mathcal{V}$: lorsque $U^* = \emptyset$, on a $\overline{U \cap V} \subset U$ et $v < \infty$ sur U; lorsque $U^* \neq \emptyset$, on prolonge v par limite supérieure sur U^* et on a $v < \infty$ sur $\overline{U}$, donc sur $\overline{U \cap V}$. |

Observation. Pour s fonction surharmonique ≥ 0 sur X on a

$$h_s^{U,X} = \lim_{V,\mathcal{V}^*} (R_s^{U-V})_U.$$

2.2.19 Proposition. Si f est une fonction numérique sur X, on a

---

x) Convention: $R_s^{\emptyset} = 0$.

$$\underline{h}_f^{X,X} \leq \liminf_{\mathcal{V}^*} \underline{H}_f^{V,X} \leq \limsup_{\mathcal{V}^*} \overline{H}_f^{V,X} \leq \overline{h}_f^{X,X}$$

Démonstration. Soit $u \in \overline{\mathcal{H}}_f^{X,X}$. Il existe $W \in \mathcal{V}$ tel que $u \geq f$ sur X-W et pour tout $V \in \mathcal{V}$, avec $V \supset W$, on a $u \in \overline{\mathcal{S}}_f^{V,X}$, d'où la conclusion. |

2.2.20 Proposition. Soit f une fonction numérique sur X, dont le module est majoré par une fonction surharmonique sur X et telle que $\limsup_{\mathcal{V}^*} \underline{H}_f^{V,X} \leq 0$. Si $g \geq 0$ est harmonisable sur X et si $g \leq f$ sur F fermé, alors $\hat{R}_g^F$ est un potentiel.

Démonstration. Posons $u = h_g^{X,X}$. Il existe un potentiel p sur X, tel que $|u-g| \leq p$ sur X-K, K partie compacte de X (2.1.8), donc il suffit de montrer que $\hat{R}_u^F$ est un potentiel, car g est majorée sur $F \cap K$ par une fonction surharmonique et sur F-K par u + p. Posons encore f' = u-f et G = X-F. Il existe une fonction surharmonique s sur X avec $|f'| \leq s$.

Supposons G non relativement compact et soient $V \in \mathcal{V}$, $v \in \overline{\mathcal{H}}_s^{G,X}$ et $v' \in \underline{\mathcal{H}}_s^{G \cup V,X}$. $R_s^V + v-v'$ est hyperharmonique sur G. $G \cup V$ n'est pas relativement compact, on a $v-v' \geq 0$ sur $G-K_1$, K_1 partie compacte de X, $\liminf_{x \to y} [v(x)-v'(x)] \geq 0$ sur $G^* - V$, celui-ci étant contenu dans $G^* \cap (G \cup V)^*$ et $R_s^V = s \geq v'$ sur $G^* \cap V$, donc $R_s^V +$ $+ v-v' \geq 0$ sur G (1.1.2). Il s'ensuit que

$$(1) \quad h_s^{G \cup V,X} \leq h_s^{G,X} + R_s^V \quad \text{sur } G.$$

Soit s_V la fonction sur X, égale à $h_s^{G \cup V,X}$ sur $G \cup V$ et à 0 sur $X-(G \cup V)$, s_V est harmonisable sur X (2.1.5, 1.2.15, 2.2.5) et

$$(2) \quad s_V \leq s_\emptyset + R_s^V,$$

car sur G on a (1) et sur V $R_s^V = s \geq h_s^{G \cup V,X}$. Appliquant l'opérateur h à (2), on obtient

$$(3)\quad s_V \leq h^{X,X}_{s_V} \leq h^{X,X}_{s_\emptyset} ,$$

car R^V_s est un potentiel (1.1.4) et, pour la première inégalité,

$$h^{X,X}_{s_V} \geq h^{G\cup V,X}_{h^{X,X}_{s_V}} = h^{G\cup V,X}_{s_V} = h^{G\cup V,X}_{s}$$

(le premier terme est harmonique, 2.2.2).

Prenons V tel que $V \supset K$. Alors $f' \leq p$ sur $X-(G\cup V)$, donc $f' \leq s_o + p$, s_o étant la fonction sur X, égale à s sur $G\cup V$ et à 0 sur $X-(G\cup V)$. Pour tout $V' \in \mathcal{V}$ avec $V' \supset V$ on a, eu égard à 1.2.16,

$$\overline{H}^{(G\cap V')\cup V,X}_{f'} \leq (R^{G-V'}_s)_{G\cup V} + p,$$

donc

$$\limsup_{V',\mathcal{V}^*} \overline{H}^{(G\cap V')\cup V,X} \leq \lim_{V',\mathcal{V}^*} (R^{G-V'}_s)_{G\cup V} + p = h^{G\cup V,X}_s + p = s_V + p \leq h^{X,X}_{s_\emptyset} + p$$

(2.2.18,(3)). Mais (4) $\overline{H}^{(G\cap V')\cup V,X}_{f'} + \underline{H}^{(G\cap V')\cup V,X}_{f} = u$

($w \in \overline{\mathcal{S}}_{f'} \Rightarrow u-w \in \underline{\mathcal{S}}_{f}$, donc $u \leq \underline{H}_f + \overline{H}_{f'}$; $v \in \underline{\mathcal{S}}_f \Rightarrow u-v \in \overline{\mathcal{S}}_{f'}$, donc $u \geq \underline{H}_f + \overline{H}_{f'}$), donc, compte tenu de l'hypothèse,

$$u \leq \limsup_{V,\mathcal{V}^*} (\limsup_{V',\mathcal{V}^*} \overline{H}^{(G\cap V')\cup V,X}_{f'}) + \limsup_{V,\mathcal{V}^*} (\limsup_{V',\mathcal{V}^*} \underline{H}^{(G\cap V')\cup V,X}_{f}) \leq$$

$$\leq h^{X,X}_{s_\emptyset} + p,$$

$$\hat{R}^F_u \leq \hat{R}^F_{h^{X,X}_{s_\emptyset}} + p$$

et le premier terme de la somme est potentiel (2.1.1o).

Supposons maintenant G relativement compact et soit $V \in \mathcal{V}$ tel que $V \supset G \cup K$, alors $f' \leq p$ sur X-V. On a $\overline{H}_{f'}^{V,X} \leq p$, donc, compte tenu de (4),

$$u \leq p + \underline{H}_f^{V,X} \ , \ u \leq p + \limsup_{\mathcal{V}^*} \underline{H}_f^{V,X}, \ u = 0. \ |$$

Observation. On a procédé simplifié ici, à 2.2.18, à 2.2.19 et à 2.2.21 pour faciliter l'écriture. En fait il y va, pour chaque $x \in X$, de l'ensemble $\mathcal{V}_x$ des ouverts relativement compacts V de X avec $x \in V$, et du filtre corespondant $\mathcal{V}_x^*$ sur $\mathcal{V}_x$.

2.2.21 Théorème. Soit $f \in \mathcal{C}(X)$ avec son module majoré par une fonction surharmonique sur X. S'il existe $\lim_{\mathcal{V}^*} H_f^{V,X}$, alors f est harmonisable sur X et on a

$$h_f^{X,X} = \lim_{\mathcal{V}^*} H_f^{V,X} \ .$$

Démonstration. Soit s une majorante surharmonique de $|f|$ finie et continue sur X (on prend, au besoin, $R_{|f|}^X$ qui est finie et continue, 2.5.6 [2]).

Supposons d'abord $\lim_{\mathcal{V}^*} H_f^{V,X} = 0$. Soient $\varepsilon > 0$ réel fini et $F = \{x \in X : \varepsilon s(x) \leq f(x)\}$. $\hat{R}_{\varepsilon s}^F$ est un potentiel (2.2.2o). Pour toute fonction hyperharmonique $v \geq 0$ sur X et $\geq s$ sur F on a $v + \varepsilon s \in \overline{\mathcal{H}}_f^{X,X}$, car $v + \varepsilon s \geq f$, donc

$$\overline{h}_f^{X,X} \leq v + \varepsilon s, \ \overline{h}_f^{X,X} \leq \hat{R}_s^F + \varepsilon s, \ \overline{h}_f^{X,X} \leq \varepsilon s$$

le premier membre étant harmonique, $\overline{h}_f^{X,X} \leq 0$. Alors on a aussi $\overline{h}_{-f}^{X,X} \leq 0$, car $\lim_{\mathcal{V}^*} H_{-f}^{V,X} = 0$, donc $h_f^{X,X} = 0$.

Passons au cas général et posons $u = \lim_{\mathcal{V}^*} H_f^{V,X}$.

Soit $(K_n)_{n \in \mathbb{N}}$ une exhaustion de X et posons $\mathring{K}_n = V_n$. On va montrer que $u = \lim_{n \to \infty} H_f^{V_n,X}$. Soient $x \in X$ et $\varepsilon > 0$ réel fini.

Il existe $V \in \mathfrak{V}$, avec $x \in V$, tel que pour tout $V' \in \mathfrak{V}$ avec $V' \supset V$ on ait $|H_f^{V',X}(x) - u(x)| < \varepsilon$. Soient s_o une fonction surharmonique ≥ 0 finie sur X et $a > o$ réel fini. $G = \{y \in X : s_o(y) > as(y)\}$ est ouvert, donc $\overline{V}-G$ est compact et il existe $m \in \mathbb{N}$ tel que $\overline{V}-G \subset V_m$ et $x \in V_m$. Si $n \geq m$ et si g_n est la fonction sur $\overline{V \cup V_n}$, égale à f sur $(V \cup V_n)^*$ et à $H_f^{V \cup V_n, X}$ sur $V \cup V_n$, on a $|g_n| \leq s$ et $H_f^{V \cup V_n, X} = H_{g_n}^{V_n, X}$ (1.2.12). On a aussi $|f-g_n| \leq \frac{2s_o}{a}$ sur $G \cap V_n^*$ et $f = g_n$ sur $V_n^* - G$, celui-ci étant contenu dans $(V \cup V_n)^*$ (si $y \in V_n^* - G$, alors $y \notin V \cup V_n$), donc $\frac{2s_o}{a} \in \bar{\mathcal{S}}_{|f-g_n|}^{V_n,X}$ et

$$\left| H_f^{V_n,X} - H_{g_n}^{V_n,X} \right| \leq H_{|f-g_n|}^{V_n,X} \leq \frac{2s_o}{a}.$$

Il s'ensuit que

$$\left|H_f^{V_n,X}(x)-u(x)\right| \leq \left|H_f^{V_n,X}(x)-H_{g_n}^{V_n,X}(x)\right| + \left|H_f^{V \cup V_n,X}(x)-u(x)\right| \leq \frac{2s_o(x)}{a} + \varepsilon,$$

donc

$$\limsup_{n \to \infty} \left| H_f^{V_n,X}(x)-u(x) \right| = 0, \ \lim_{n \to \infty} H_f^{V_n,X}(x) = u(x).$$

Soient maintenant W ensemble régulier, $y \in W$ et prenons une exhaustion $(K_n)_{n \in \mathbb{N}}$ de X, telle que $\overline{W} \subset \overset{\circ}{K}_1$ (au besoin on laisse de côté un nombre fini de termes). Posons $V_n = \overset{\circ}{K}_n$ et $u_n = H_f^{V_n,X}$. On a $|u_n| \leq s$ et alors

$$u(y) = \lim_{n \to \infty} u_n(y) = \lim_{n \to \infty} \int u_n \, d\mu_y^W = \int u \, d\mu_y^W,$$

donc, compte tenu du cas particulier envisagé, f-u est un potentiel de Wiener, car $|f-u| \leq 2s$. u est harmonisable sur X, ayant $|u| \leq s$ et $u \in \overline{\mathcal{H}}_u^{X,X} \cap \underline{\mathcal{H}}_u^{X,X}$, donc f l'est aussi et

$$h_f^{X,X} = h_{f-u}^{X,X} + h_u^{X,X} = u. \ |$$

III. COMPACTIFICATION DES ESPACES HARMONIQUES

§0. Préliminaires topologiques

Soit Y un espace localement compact et non compact.

Définitions. L'espace compact Y^c est un compactifié de Y, si Y est un sous-espace de Y^c partout dense. $\Delta = Y^c - Y$ est la frontière idéale de Y dans Y^c.

3.0.1. Y est un ouvert de Y^c . Δ est compact et égal à la frontière de Y dans Y^c.

Démonstration. On a $Y = U \cap F$, U ouvert et F fermé de Y^c, donc $Y^c = F$. |

Définition. La surjection naturelle σ de Y^c dans Y_ω , le compactifié d'Alexandrov de Y, est l'application: $\sigma(x) = x$ sur Y et $\sigma(y) = \omega$ sur Δ .

σ est continue, car, pour K partie compacte de Y, on a $\sigma^{-1}((Y-K)\cup\{\omega\}) = Y^c - K$.

3.0.2. Soient Y^c et $Y^{c'}$ deux compactifiés de Y, Δ et Δ' les frontières idéales correspondantes, $\pi : Y^c \longrightarrow Y^{c'}$ une application continue telle que $\pi(x) = x$ sur Y. Alors:

1) π est surjective;

2) $\pi(\Delta) = \Delta'$.

Démonstration. 1) Soit, par absurde, $y \in Y^{c'} - \pi(Y^c)$. y possède un voisinage V disjoint de $\pi(Y^c)$, qui est compact, et dans V se trouve un point $x \in Y$, donc $x = \pi(x)$ - contradiction.

2) Soient, par absurde, $y \in \Delta$ et $\pi(y) \in Y$. $\pi(y)$ et y ont des voisinages disjoints U et V. Il existe un voisinage W de y tel que $\pi(W \cap V) \subset U$ - contradiction, Y étant partout dense. Ainsi $\pi(\Delta) \subset \Delta'$ et $\pi(\Delta) = \Delta'$, à cause de 1). |

Observation. La restriction de π à Y est une bijection.

3.0.3. Soit Φ une famille non vide d'applications continues de Y dans l'espace compact E. Il existe un compactifié Y^c de Y tel que:

a) toute fonction de Φ se prolonge par continuité à Y^c;

b) l'ensemble de ces ces prolongements sépare les points de $Y^c - Y$.

Y^c est déterminé à un homéomorphisme près, dont la restriction à Y est l'identité.

Démonstration. Soient e l'identité sur Y et $\Phi_1 = \Phi \cup \{e\}$. Le produit

$$Z = \prod_{f \in \Phi} \overline{f(Y)} \times Y_\omega$$

est compact. La fonction $\varphi : Y \to Z$, definie par: $\varphi(x) = (f(x))_{f \in \Phi_1}$ sur Y, est un homéomorphisme de Y sur $\varphi(Y)$: si $x' \neq x''$, on a $e(x') \neq e(x'')$, donc $\varphi(x') \neq \varphi(x'')$; φ est continue, car, si q_f est la projection d'indice f de Z, on a $q_f \circ \varphi = f$ sur Y pour toute $f \in \Phi_1$; soit $x \in Y$, si U est un voisinage ouvert de x, $\prod_{f \in \Phi} \overline{f(Y)} \times U$ est un voisinage de $\varphi(x)$.

Prenons $Y^c = \overline{\varphi(Y)}$.

a) Soit ψ la fonction inverse de φ . q_f, pour toute $f \in \Phi$, est continue sur Z et on a $q_f = f \circ \psi$ sur $\varphi(Y)$.

b) Pour tout $z \in Y^c - \varphi(Y)$ on a $q_e(z) = \omega$: si, par absurde, $x = q_e(z) \in Y$, soient V_1, V_2 deux voisinages ouverts disjoints de $\varphi(x)$ et de z respectivement; $\psi(V_1 \cap \varphi(Y)) = U$ étant un ouvert de Y, il existe un voisinage V' de z , contenu dans V_2, avec $q_e(V') \subset U$; il existe aussi un point $x' \in Y$ avec $\varphi(x') \in V'$, donc $x' = q_e(\varphi(x')) \in U$ - contradiction, car $\varphi(U) = V_1 \cap \varphi(Y)$.

Soient maintenant z_1, z_2 deux points distincts de $Y^c - Y$. On a $q_e(z_1) = q_e(z_2)$, donc il existe $f \in \Phi$ avec $q_f(z_1) \neq q_f(z_2)$.

Soient Y^c, $Y^{c'}$ deux compactifiés de Y ayant les propriétés a) et b), Δ et Δ' les frontières idéales correspondantes, y un point de Δ et $\mathfrak{V}$ la trace sur Y du filtre des voisinages de y dans Y^c. L'adhérence de $\mathfrak{V}$ dans Y est vide. Soient z point adhérent à la base de filtre $\mathfrak{V}$ sur $Y^{c'}$ et f le prolongement, par continuité à $Y^{c'}$, d'une fonction de Φ. On a $z \in \Delta'$. f(z) est adhérent à la base de filtre $f(\mathfrak{V})$ sur E. Soit f_1 le prolongement, par continuité à Y^c, de $f|Y$. La base de filtre $f_1(\mathfrak{V})$ sur E converge vers $f_1(y)$, donc (1) $f_1(y) = f(z)$, car $f_1(\mathfrak{V}) = f(\mathfrak{V})$. Il s'ensuit que, si z_1 et z_2 sont adhérents à la base de filtre $\mathfrak{V}$ sur $Y^{c'}$, on a $f(z_1) = f(z_2)$ pour toute fonction f qui est prolongement, par continuité à $Y^{c'}$, d'une fonction de Φ, donc $z_1 = z_2$ à cause de b) et la base de filtre $\mathfrak{V}$ sur $Y^{c'}$ est convergente.

Il s'ensuit que l'identité sur Y se prolonge dans une application continue g: $Y^c \to Y^{c'}$. g est surjective (3.0.2). g est aussi injective: si y, y' sont deux points distincts de Δ et $z = g(y)$, $z' = g(y')$, soient f_1 continue sur Y^c avec $f_1|Y \in \Phi$ et telle que $f_1(y) \neq f_1(y')$; si f est le prolongement de $f_1|Y$ par continuité à $Y^{c'}$, on a, eu égard à (1), $f(z) = f_1(y)$ et $f(z') = f_1(y')$.

Enfin, soit h le prolongement de l'identité sur Y dans une application continue $Y^{c'} \to Y^c$. On a $(h \circ g)(y) = y$ sur Y, donc sur Y^c, Y étant partout dense, donc g est un homéomorphisme de Y^c sur $Y^{c'}$. |

3.0.4. Soient E un espace topologique, tel que pour tout point $x \in E$ $\{x\}$ est fermé, et Φ une famille d'applications continues de E dans $\mathbb{R}$, ayant la propriété: pour tout fermé F de E et pour tout point $x \notin F$ il existe une fonction $f \in \Phi$ avec $f(x) \notin \overline{f(F)}$. Alors E admet une immersion topologique dans $\mathbb{R}^{\Phi}$, qui est muni de la topologie produit habituelle. Toute fonction de Φ se prolonge par continuité à $\mathbb{R}^{\Phi}$ et l'ensemble de ces prolongements sépare les points de $\mathbb{R}^{\Phi}$.

<u>Démonstration.</u> Soient q_f la projection d'indice f de $\mathbb{R}^{\Phi}$ et $e : E \to \mathbb{R}^{\Phi}$ la fonction définie par $e_x(f) = f(x)$ pour tout $x \in E$ et pour toute $f \in \Phi$ (on a posé $e(x) = e_x$). On a, pour toute $f \in \Phi$,(1) $q_f \circ e = f$ sur E, donc e est continue. e est une bijection de e sur e(E): si x_1, x_2 sont deux points distincts de E, il existe une fonction $g \in \Phi$ avec $g(x_1) \neq g(x_2)$, donc $e_{x_1} \neq e_{x_2}$. La fonction inverse ℓ de e est continue sur e(E): soient G un ouvert de E et x un point de G; il existe une fonction $h \in \Phi$ avec $h(x) \notin \overline{h(E-G)}$; posons $F = E - G$ et $U = \mathbb{R}^{\Phi} - q_h^{-1}(\overline{h(F)})$; U est ouvert et $e_x \in U$, car $q_h(e_x) = e_x(h) = h(x)$; on a

$$U \cap e(E) = e(E) - q_h^{-1}(\overline{h(F)}) \subset e(E) - e(F) = e(G),$$

car $q_h^{-1}(\overline{h(F)}) = e(h^{-1}(\overline{h(F)}))$ conformément à (1), donc e(G) est voisinage de e_x et e est un homéomorphisme de E sur e(E).

Enfin, on a, pour toute $f \in \Phi$, eu égard à (1), $q_f = f \circ \ell$ sur e(E) et q_f est continue sur $\mathbb{R}^{\Phi}$. Si z_1, z_2 sont deux points distincts de $\mathbb{R}^{\Phi}$, il existe au moins une fonction $g \in \Phi$ avec $q_g(z_1) \neq q_g(z_2)$. |

3.0.5. Tout espace harmonique X admet une immersion topologique dans $\mathbb{R}^{\mathcal{W}(X)}$.

<u>Démonstration.</u> On emploie 2.2.16 et 3.0.4 . |

<u>Observation.</u> Dans 3.0.4 et 3.0.5 on peut remplacer $\mathbb{R}$ par $\overline{\mathbb{R}}$, donc dans ce cas $\overline{e(X)}$ est un compactifié de X ayant les propriétés a) et b) de 3.0.3. Toute fonction de Wiener sur X se prolonge par continuité à $\overline{\mathbb{R}}^{\mathcal{W}(X)}$.

<u>Définition.</u> L'espace topologique E est <u>extrêmement discontinu</u>, s'il est séparé et s'il possède l'une des propriétés suivantes, qui sont équivalentes:

a) $\overset{\circ}{F}$ est fermé pour tout ensemble fermé F;

b) $\overline{G}$ est ouvert pour tout ensemble ouvert G;

c) si U et V sont deux ouverts disjoints, on a $\overline{U} \cap \overline{V} = \emptyset$ (N. Bourbaki, Topologie générale 1961, ch. I, exercice 21, page 179).

Un espace extrêmement discontinu est totalement discontinu.

3.0.6. Si E est un espace régulier extrêmement discontinu, tout point de E qui possède une base dénombrable de voisinages est isolé.

Démonstration. Soient $x \in E$ et $(F_n)_{n \in \mathbb{N}}$, avec $F_{n+1} \subset F_n$ pour tout n, un système fondamental de voisinages fermés de x. Si, par absurde, x n'est pas isolé, on peut supposer $G_n = \overset{\circ}{F}_n - \overset{\circ}{F}_{n+1}$ non vide pour tout n. Les ouverts G_n sont deux à deux disjoints, donc $U = \bigcup_{n=1}^{\infty} G_{2n-1}$ et $V = \bigcup_{n=1}^{\infty} G_{2n}$ sont disjoints et alors $\overline{U} \cap \overline{V} = \emptyset$.

Pour tout voisinage W de x on a $U \cap W \neq \emptyset$ et $V \cap W \neq \emptyset$, donc $x \in \overline{U} \cap \overline{V}$ - contradiction. |

3.0.7. Soit f une application continue de l'espace compact E dans l'espace séparé E'. Si pour $y' \in E'$ $f^{-1}(y')$ n'est pas vide, alors pour tout voisinage U de $f^{-1}(y')$ il existe un voisinage U' de y', tel que

$$f^{-1}(U') \subset U.$$

Démonstration. Si, par absurde, il existe un voisinage U de $f^{-1}(y')$, qu'on peut supposer ouvert, et $f^{-1}(F') - U \neq \emptyset$ pour tout voisinage fermé F' de y', on a, car l'ensemble des $f^{-1}(F') - U$ est centré, $\emptyset \neq \bigcap_{F'} \left[f^{-1}(F') - U \right] = f^{-1}(y') - U$ - contradiction. |

3.0.8. Soit f fonction numérique sur l'ouvert non compact U d'un espace compact. Les propriétés suivantes sont équivalentes:

1) $\liminf_{x \to y} f(x) \geq 0$ pour tout $y \in U^*$;

2) $\liminf_{x \to \omega_U} f(x) \geq 0$, ω_U le point d'Alexandrov de U.

<u>Démonstration.</u> 1) $\Longrightarrow$ 2). Soit $\varepsilon > 0$ réel fini et posons $g = f + \varepsilon$. Pour tout $y \in U^*$, qui n'est pas vide, soient $a_y > 0$ réel fini et V_y voisinage ouvert de y tels que $\inf g(U \cap V_y) > a_y$. Si $(V_{y_i})_{1 \leq i \leq n}$ est un recouvrement fini de U^*, on a $\inf g(\bigcup_{i=1}^{n} (U \cap V_{y_i})) > 0$, donc $\liminf_{x \to \omega_U} f(x) + \varepsilon > 0$, car $\overline{U} - \bigcup_{i=1}^{n} V_{y_i}$ est un compact contenu dans U.

2) $\Longrightarrow$ 1). Soient $y \in U^*$ et $\varepsilon > 0$ réel fini. Posons $g = f + \varepsilon$. Il existe un nombre réel fini $a > 0$ et une partie compacte K de U, telle que $\inf g\,(U-K) > a$. Soit V un voisinage de y disjoint de K. On a $\inf g\,(V \cap U) > 0$, d'où la conclusion. |

§1. La frontière harmonique

Soient X^c un compactifié de l'espace harmonique X, Δ la frontière idéale de X dans X^c et, pour tout potentiel $p > 0$ sur X, Γ_p l'ensemble des points y de Δ tels que $\liminf_{x \to y} p(x) = 0$. Γ_p est fermé, car p, prolongé par limite inferieure sur Δ , est semi-continue inférieurement.

<u>Définition.</u> <u>La frontière harmonique</u> Γ de X dans X^c est l'intersection des ensembles Γ_p, où p parcourt l'ensemble des potentiels > 0 sur X. On note $\Lambda = \Delta - \Gamma$.

Si $\Gamma_p \neq \emptyset$ pour tout p, alors $\Gamma \neq \emptyset$, car Δ est compact et l'ensemble des Γ_p est centré, ayant $\Gamma_p \cap \Gamma_{p'} \supset \Gamma_{p+p'}$. Telle est la situation, s'il existe une fonction harmonique ≥ 0, bornée sur X et non identiquement nulle: si p est un potentiel > 0 sur X, on a $\inf p(X) = 0$; pour tout $\varepsilon > 0$ réel fini l'ensemble $K_\varepsilon = \left\{ x \in X^c : p(x) \leq \varepsilon \right\}$, p prolongé par limite inférieure, est un fermé non vide; l'ensemble des K_ε est centré, donc $\emptyset \neq \bigcap_{\varepsilon>0} K_\varepsilon = \Gamma_p$.

Observation. Pour tout potentiel q sur X on a $\liminf_{x\to y} q(x) = 0$ sur Γ : si $p > 0$ est potentiel sur X, alors $\liminf_{x\to y} \left[p(x)+q(x)\right] = 0$ sur Γ.

3.1.1 Théorème. Soient X^c, $X^{c'}$ deux compactifies de X et Γ, Γ' les frontières harmoniques correspondantes. Si $\pi : X^c \to X^{c'}$ est continue et $\pi(x) = x$ sur X, alors

$$\pi(\Gamma) = \Gamma'.$$

Démonstration. Soit $y \in \Gamma$. Pour tout voisinage U' de $\pi(y)$, qui se trouve dans Δ' (3.0.2), il existe, eu égard à la continuité de π, un voisinage U de y, tel que $U \cap X \subset U' \cap X$, donc pour tout potentiel $p > 0$ sur X on a

$$\liminf_{x\to\pi(y)} p(x) \leq \liminf_{x\to y} p(x)$$

et $\pi(y) \in \Gamma'$.

Soit maintenant $y' \in \Gamma'$. Pour tout voisinage U de $\pi^{-1}(y')$ il existe un voisinage U' de y' tel que $U' \cap X \subset U \cap X$ (3.0.7), donc pour tout potentiel $p > 0$ sur X on a $\sup_{U \supset \pi^{-1}(y')} (\inf p(U \cap X)) = 0$. Il s'ensuit que $\Gamma_p \cap \pi^{-1}(y') \neq \emptyset$: si, par absurde, $\Gamma_p \cap \pi^{-1}(y') = \emptyset$, pour tout $y \in \pi^{-1}(y')$ il existe un voisinage ouvert V_y de y et un nombre réel fini $a_y > 0$ tels que, p étant prolongé par limite inférieure, on ait $p > a_y$ sur V_y; soient $(V_{y_i})_{1\leq i\leq n}$ un reconvrement fini de $\pi^{-1}(y')$ et $V = V_{y_1} \cup \ldots \cup V_{y_n}$, on a $\inf p(V \cap X) \geq$ $\geq \min_{1\leq i\leq n} a_{y_i} > 0$ - contradiction. Alors l'ensemble des $\Gamma_p \cap \pi^{-1}(y')$, où p parcourt l'ensemble des potentiels > 0 sur X, est centré ayant $\Gamma_p \cap \Gamma_{p'} \supset \Gamma_{p+p'}$, donc $\Gamma \cap \pi^{-1}(y') \neq \emptyset$ et $y' \in \pi(\Gamma)$. |

3.1.2 Corollaire. Si la frontière harmonique de X dans un compactifié est non vide, alors sa frontière harmonique dans tout compactifié est non vide.

Démonstration. Soient $\Gamma \neq \emptyset$ la frontière harmonique de X dans X^c, Γ' (resp. Γ_ω) celle de X dans $X^{c'}$ (resp. X_ω) et σ, σ' les surjections naturelles (§ 0) de X^c, $X^{c'}$. On a $\sigma(\Gamma) = \Gamma_\omega = \sigma'(\Gamma')$. |

3.1.3 Théorème. Pour toute partie compacte K de Δ il existe un potentiel continu q sur X avec $\lim_{x \to y} q(x) = \infty$ pour tout $y \in K$.

Démonstration. Soit $y \in K$. Il existe un potentiel $p_y > 0$ sur X avec $\liminf_{x \to y} p_y(x) > 0$. L'ensemble U_y des points de Δ, dans lesquels la limite inférieure de p_y est > 0, est un ouvert de Δ. Soient $(U_{y_i})_{1 \leq i \leq n}$ un recouvrement fini de K, p_{y_i}, $1 \leq i \leq n$, les potentiels correspondants et $p = p_{y_1} + \ldots + p_{y_n}$. On a $\liminf_{x \to y} p(x) > 0$ sur K, donc si p_o est un potentiel de Evans associé avec p on a $\lim_{x \to y} p_o(x) = \infty$ sur K (1.1.7). Soit $f \geq 0$ une fonction numérique continue sur X^c, avec $f = \infty$ sur K et $f \leq p_o$ sur X. On a

$$f \leq R_f^X \leq p_o,$$

donc R_f^X est le potentiel cherché (2.5.6 [2]). |

Définitions. Une fonction numérique f, définie sur l'ouvert U de X, est pseudo-bornée inférieurement (resp. supérieurement) sur U, s'il existe un potentiel p sur U, tel que $f+p$[x)] (resp. $f-p$[x)]) soit bornée inférieurement (resp. supérieurement). f est pseudo-bornée sur U, lorsqu'elle est pseudo-bornée inférieurement et

---

[x)] Convention: $\infty - \infty = -\infty + \infty = 0$.

supérieurement.

3.1.4 Proposition. Soit u fonction hyperharmonique sur l'ouvert U de X. Si $\liminf_{x \to y} u(x) \geq 0$ sur U^* et s'il existe une fonction surharmonique s_o sur U avec $\inf s_o(U) > 0$, alors $u \geq 0$.

Démonstration. On a $U^* \neq \emptyset$, car les ouverts de X ne sont pas compacts et on emploie 3.0.8 et 1.1.2 Observation 1. |

3.1.5 Théorème. Soit u fonction hyperharmonique et pseudo-bornée inférieurement sur l'ouvert U de X. Si l'on a $\liminf_{x \to y} u(x) \geq$ ≥ 0 sur $U^* \cap (X \cup \Gamma)$ et s'il existe sur U une fonction surharmonique s_o avec $\inf s_o(U) > 0$, alors $u \geq 0$.

Démonstration. Il existe un potentiel p sur U tel que $v =$ $= u + p$ soit bornée inférieurement. Pour tout $n \in \mathbb{N}$ posons

$$K_n = \left\{ y \in U^* \cap \Delta : \liminf_{x \to y} v(x) \leq -n^{-1} \right\}.$$

K_n est compact et continu dans $U^* \cap \Delta$, ayant $\liminf_{x \to y} v(x) \geq 0$ sur $U^* \cap (X \cup \Gamma)$. Pour tout $n \in \mathbb{N}$ il existe un potentiel p_n sur X avec $\lim_{x \to y} p_n(x) = \infty$ sur K_n (3.1.3). Soit $(a_n)_{n \in \mathbb{N}}$ une suite de nombres réels finis > 0 tels que $p_o = \sum_{n=1}^{\infty} a_n p_n$ soit un potentiel (1.1.9, 1.1.3). Pour tout $y \in \bigcup_{n=1}^{\infty} K_n$ on a

$$\liminf_{x \to y} \left[v(x) + p_o(x) \right] = \infty \text{ , donc}$$

$v + p_o \geq 0$ (3.1.4) et $u \geq 0$ (2.4.3 [2], 2.4.2 [2]). |

Désormais le reste du troisième chapitre est sous l'hypothèse:

(S) Il existe une fonction surharmonique s_o sur X avec $\inf s_o(X) > 0$.

3.1.6 Théorème. Si pour u, hyperharmonique et pseudo-bornée inférieurement sur X, on a $\liminf_{x \to y} u(x) \geq 0$ pour tout $y \in \Gamma$, alors $u \geq 0$.

Démonstration. On emploie 3.1.5 . |

3.1.7 Proposition. Soit $f \in \mathcal{C}(X \cup \Gamma)$. La condition nécessaire et suffisante (lorsque f est pseudo-bornée sur X) que f soit un potentiel de Wiener sur X est qu'on ait $f = 0$ sur Γ.

Démonstration. La condition est nécessaire: on emploie 2.2.15.

La condition est suffisante. On a $|f| \leq q + a$, q potentiel sur X et $a > 0$ réel fini. Prenons une fonction surharmonique s_o sur X avec $s_o \geq 1$ et soit $\varepsilon > 0$ réel fini. Pour

$$A = \{x \in X: \ |f(x)| \geq \varepsilon\}$$

on a $\bar{A} \cap \Delta = \bar{A} \cap \Lambda$, donc il existe un potentiel p sur X avec $\lim_{x \to y} p(x) = \infty$ sur $\bar{A} \cap \Lambda$ (3.1.3). On a $p + \varepsilon s_o > a$ sur $V \cap X$, V voisinage de $\Delta \cap \bar{A}$ et $p + \varepsilon s_o > |f|$ sur $U \cap X$, U voisinage ouvert de $\Delta - \bar{A}$, donc

$$p + q + \varepsilon\, s_o \in \bar{\mathcal{H}}^{X,X}_{|f|} ,$$

car $X^c - (U \cup V)$ est une partie compacte de X. Il s'ensuit que $\bar{h}^{X,X}_{|f|} \leq \varepsilon\, s_o$, le premier membre étant harmonique (l'hypothèse (S)), $\bar{h}^{X,X}_{|f|} = 0$ et $h^{X,X}_{f} = 0$ (2.2.1 Observation). |

3.1.8 Proposition. Si F est une partie fermée de X et si l'on a $\bar{F} \cap \Delta \subset \Lambda$, alors $\hat{R}^F_1$ est un potentiel.

Démonstration. Il existe un potentiel p sur X avec $\lim_{x \to y} p(x) = \infty$ sur $\bar{F} \cap \Delta$ (3.1.3). On prolonge p par limite inférieure sur Δ . L'ensemble $K = \{x \in \bar{F}: \ p(x) \leq 1\}$ est une partie compacte de F. On a

$$\hat{R}_1^F \leq p + \hat{R}_1^{F \cap K} ,$$

car $p > 1$ sur $F-K$, d'où la conclusion (l'hypothèse (S), 1.1.4). |

3.1.9 Proposition. Soit U un ouvert non vide de X. Si $\Gamma \cap \overline{U}$ est vide, alors $\overline{h}_1^{U,X} = 0$. Si l'on a $\overline{h}_1^{X,X} = 0$, alors $\Gamma = \emptyset$.

Démonstration. Supposons $\Gamma \cap \overline{U} = \emptyset$, alors $K = \overline{U} \cap \Delta$ est compact. Si $K = \emptyset$, on a $\overline{U} \subset X$, donc $\overline{h}_1^{U,X} = 0$. Si $K \neq \emptyset$, il existe un potentiel p sur X tel que $\lim_{x \to y} p(x) = \infty$ sur K (3.1.3). Pour tout $y \in K$ soit V_y un voisinage ouvert de y avec $p \geq 1$ sur $X \cap V_y$. $K' = \overline{U} - \bigcup_{y \in K} V_y$ est une partie compacte de X. On a $p \geq 1$ sur $U-K'$, donc $p \in \overline{\mathcal{H}}_1^{U,X}$ et $\overline{h}_1^{U,X} = 0$, le premier membre étant harmonique (l'hypothèse (S)).

Supposons $\overline{h}_1^{X,X} = 0$. Il existe un potentiel ≥ 1 sur X (2.1.8), d'où la conclusion. |

Observation. L'assertion: $\Gamma = \emptyset \Longleftrightarrow \overline{h}_1^{X,X} = 0$ est vraie.

§2. Problème de Dirichlet sur la frontière idéale

Soient X^c un compactifié de X, f une fonction numérique définie sur Δ et

$$\overline{\mathcal{S}}_f^{X,X^c} = \overline{\mathcal{S}}_f \quad (\text{resp. } \underline{\mathcal{S}}_f^{X,X^c} = \underline{\mathcal{S}}_f)$$

l'ensemble des fonctions hyperharhomiques (resp. hypoharmoniques) u sur X, avec les propriétés suivantes:

1) u est bornée inférieurement (resp. supérieurement);

2) $\liminf_{x \to y} u(x) \geq f(y)$ (resp. $\limsup_{x \to y} u(x) \leq f(y)$) pour tout $y \in \Delta$.

À cause de l'hypothèse (S), toute fonction de $\overline{\mathcal{S}}_f$ (resp. $\underline{\mathcal{S}}_f$)

possède une minorante sous-harmonique ≤ 0 (resp. une majorante surharmonique ≥ 0).

Posons $\overline{H}_f = \overline{H}_f^{X,X^c} = \inf \overline{\mathcal{G}}_f^{X,X^c}$, $\underline{H}_f = \underline{H}_f^{X,X^c} = \sup \underline{\mathcal{G}}_f^{X,X^c}$. On a, pour toute u de $\overline{\mathcal{G}}_f$ et pour toute v de $\underline{\mathcal{G}}_f$, $v \leq u$ (3.1.4). Il s'ensuit que

$$\underline{H}_f \leq \overline{H}_f, \quad \underline{H}_o = \overline{H}_o = 0.$$

3.2.1 Proposition. Soient f,g deux fonctions numériques sur Δ. On a les propriétés élémentaires:

1) $\overline{H}_{-f} = -\underline{H}_f$.

2) $\overline{H}_{af} = a\overline{H}_f$, $\underline{H}_{af} = a\underline{H}_f$ (a > 0 réel fini).

3) $f \leq g \Longrightarrow \overline{H}_f \leq \overline{H}_g$ et $\underline{H}_f \leq \underline{H}_g$.

4) $\overline{H}_{f+g} \leq \overline{H}_f + \overline{H}_g$ et $\underline{H}_{f+g} \geq \underline{H}_f + \underline{H}_g$[x].

5) $|\overline{H}_f| \leq \overline{H}_{|f|}$.

6) Si $\mathcal{G}$ est un ensemble dénombrable filtrant croissant de fonctions numériques sur Δ et si pour toute $g \in \mathcal{G}$ $\overline{H}_g$ est harmonique, on a, pour $f = \sup \mathcal{G}$,

$$\overline{H}_f = \sup_{g \in \mathcal{G}} \overline{H}_g.$$

Démonstration pareille à celle de 1.2.1 . |

3.2.2 Théorème. $\overline{\mathcal{G}}_f$ (resp. $\underline{\mathcal{G}}_f$) est un ensemble de Perron sur X. Lorsque l'ensemble $\mathcal{G}$ des fonctions surharmoniques (resp. sous-harmoniques) de $\overline{\mathcal{G}}_f$ (resp. $\underline{\mathcal{G}}_f$) n'est pas vide, il est un ensemble de Perron sur X et on a

$$\inf \mathcal{G} = \overline{H}_f \quad (\text{resp. } \sup \mathcal{G} = \underline{H}_f).$$

Si $\overline{H}_f < \infty$ et $\underline{H}_f > -\infty$, alors $\overline{H}_f$ et $\underline{H}_f$ sont harmoniques.

---

[x] f+g est définie arbitrairement dans chaque point où l'opération manque de sens.

Démonstration. Pour les deux premières assertions voir 1.2.2 . Pour la troisième assertion on va montrer d'abord que si $\overline{H}_f < \infty$, alors on a $\overline{H}_{max(f,o)} < \infty$ sur un ensemble partout dense. Vraiment, soient $s_o \geq 1$ surharmonique sur X et $(x_n)_{n \in \mathbb{N}}$ une suite de points de X partout dense avec $s_o(x_n) < \infty$ pour tout n. Prenons le point x_n. Il existe $u \in \overline{\mathcal{S}}_f$ avec $u(x_n) < \infty$ et $a > 0$ réel fini tel que $u \geq -as_o$, car u est bornée inférieurement. Il s'ensuit que $u + as_o \in \overline{\mathcal{S}}_{max(f,o)}$, donc $\overline{H}_{max(f,o)}(x_n) < \infty$.

On a alors, compte tenu de l'hypothèse,

$$\overline{H}_{max(f,o)} < \infty \text{ et } \underline{H}_{min(f,o)} > -\infty$$

sur un ensemble partout dense (on emploie la même fonction surharmonique s_o). Soit $s > 0$ surharmonique sur X et posons, pour chaque $n \in \mathbb{N}$, $f_n = \min(f, ns)$. On a $\underline{H}_{min(f,o)} \leq \overline{H}_{f_n}$, donc le deuxième membre est harmonique, aussi bien que $\overline{H}_f$, compte tenu de 3.2.1 . On achève la démonstration appliquant ce qu'on a trouvé à - f. |

Observation. Si $\underline{H}_f > -\infty$ sur X et si $\overline{H}_f < \infty$ sur un ensemble partout dense, alors $\overline{H}_f$ et $\underline{H}_f$ sont harmoniques.

3.2.3 Théorème. Si $\overline{H}_f$ est harmonique, il existe une fonction surhamonique $s > 0$ sur X telle qu'on ait

$$\overline{H}_f + \varepsilon s \in \overline{\mathcal{S}}_f$$

pour tout $\varepsilon > 0$ réel fini.

Démonstration. Lorsqu'il existe une fonction surharmonique dans $\overline{\mathcal{S}}_f$, voir la démonstration de 1.2.3 . Il reste à montrer qu'il existe une telle fonction dans $\overline{\mathcal{S}}_f$.

Dans le cas "il existe $s' \leq 0$ sous-harmonique sur X et $\limsup_{x \to y} s'(x) \leq f(y)$ sur Δ " on procède comme chez 1.2.3 (on emploie une fonction surharmonique ≥ 1 sur X et on prolonge celle-ci par limite inférieure sur Δ).

Passons au cas général et soit $s_o > 0$ surharmonique sur X. On a $\overline{H}_{max(f,o)} < \infty$ sur un ensemble partout dense (voir 3.2.2) et

$$\underline{H}_{max(f,-s_o)} \leq \overline{H}_{max(f,-s_o)},$$

s_o prolongée par limite inférieure sur Δ . Il s'ensuit que le premier membre est harmonique (3.2.2), donc aussi le deuxième membre (3.2.2 Observation) et il existe alors, compte tenu du cas particulier envisagé, une fonction surharmonique dans $\bar{\mathcal{S}}_{max(f,-s_o)}$, qui se trouve aussi dans $\bar{\mathcal{S}}_f$. |

3.2.4 Corollaire. Lorsque $\overline{H}_f$ est harmonique, elle est égale à une différence de deux fonctions harmoniques ≥ 0.

Démonstration. Voir 1.2.4 . |

3.2.5 Corollaire. Si $\overline{H}_f$ et $\overline{H}_g$ (resp. $\underline{H}_f$ et $\underline{H}_g$) sont harmoniques, alors $\overline{H}_{max(f,g)}$ (resp. $\underline{H}_{min(f,g)}$) est harmonique et on a

$$\overline{H}_{max(f,g)} = \overline{H}_f \vee \overline{H}_g \text{ (resp. } \underline{H}_{min(f,g)} = \underline{H}_f \wedge \underline{H}_g).$$

Démonstration. Voir 1.2.5 . |

Définitions. Une fonction numérique f sur Δ est résolutive, si $\overline{H}_f$ et $\underline{H}_f$ sont finies et égales. On pose, dans ce cas, $H_f = \overline{H}_f = \underline{H}_f$. Le compactifié X^c de l'espace harmonique X est résolutif, si toute fonction finie et continue sur $X^c - X$ est résolutive.

3.2.6 Proposition. Soient f,g deux fonctions résolutives. Alors af[x] (a réel fini), f + g[x], max(f,g), min(f,g), $|f|$ sont résolutives et on a:

1) $H_{af} = aH_f$.

2) $H_{f+g} = H_f + H_g$.

3) $H_{max(f,g)} = H_f \vee H_g$, $H_{min(f,g)} = H_f \wedge H_g$.

---

[x] af et f+g sont définies arbitrairement dans tout point où les opérations manquent de sens.

4) $H_f = 0 \Longleftrightarrow H_{|f|} = 0$.

Démonstration. Voir 1.2.6 . |

3.2.7 Lemme. Soient $f \geq 0$ pseudo-bornée sur X, A une partie de X, $s = \hat{R}_f^A$ et φ la fonction caractéristique de $\bar{A} \cap \Delta$. Il existe un nombre $a > 0$ réel fini tel que

$$h_s^{X,X} \leq a\, \bar{H}_\varphi .$$

Démonstration. Il existe un potentiel p sur X et un nombre $b > 0$ réel fini avec $f \leq p + b$. $\hat{R}_f^A$ est donc surharmonique (l'hypothèse ‹S›). Soient $a > b$ réel fini et $u \in \bar{\mathcal{S}}_{a\varphi}$. On prolonge u par limite inférieure sur Δ et on a $u > b$ sur $\bar{A} \cap \Delta$. Il existe un voisinage ouvert V de $\bar{A} \cap \Delta$ tel que $u > b$ sur V. L'ensemble $K = \bar{A} - V$ est une partie compacte de X. On a

$$\hat{R}_f^A \leq u + p + \hat{R}_f^{A \cap K} ,$$

car $u + p > f$ sur A-K, d'où la conclusion, car $\bar{H}_{a\varphi}$ est harmonique et $\hat{R}_f^{A \cap K}$ potentiel (l'hypothèse ‹S›, 1.1.4) . |

3.2.8 Lemme. Soit $f \in \mathcal{C}(X^c)$. f est résolutive si et seulement si elle est harmonisable sur X et on a, dans ce cas,

$$h_f^{X,X} = H_f .$$

Démonstration. Soit $u \in \bar{\mathcal{H}}_f^{X,X}$. On a $u \geq f$ sur X-K, K partie compacte de X, donc $u \in \bar{\mathcal{S}}_f$ (f est bornée, K et Δ ont des voisinages disjoints) et $\bar{H}_f \leq \bar{h}_f^{X,X}$.

Soient $s_o \geq 1$ surharmonique sur X et $\varepsilon > 0$ réel fini. Pour toute $u \in \bar{\mathcal{S}}_f$ on a $u + \varepsilon s_o \in \bar{\mathcal{H}}_f^{X,X}$, car l'ensemble

$$\left\{ x \in X^c : u(x) + \varepsilon s_o(x) \leq f(x) \right\} ,$$

où s_o et u sont prolongées par limite inférieure sur Δ , est une partie compacte de X. Il s'ensuit que $\bar{h}_f^{X,X} \leq \bar{H}_f$, donc $\bar{h}_f^{X,X} = \bar{H}_f$.

On remplace f par -f et on obtient $\underline{h}_f^{X,X} = \underline{H}_f$, d'où la conclusion, car f est dominée sur X (l'hypothèse (S)) . |

3.2.9 Théorème. Les propositions suivantes sont équivalentes:

1) X^c est résolutif;

2) toute fonction de $\mathcal{C}(X^c)$ est harmonisable sur X;

3) pour tout $x \in X$ μ_x^{V} [x)] converge vaguement vers une mesure positive μ_x sur Δ suivant le filtre $\mathcal{V}_x^*$.

Démonstration. Toute fonction finie et continue sur un fermé de X^c se prolonge par continuité dans une fonction finie sur X^c.

1) $\Longleftrightarrow$ 2: on emploie 3.2.8 .

2) $\Longrightarrow$ 3): on a, eu égard à 2.2.19 et 3.2.8, $\lim\limits_{\mathcal{V}_x^*} \mu_x^V(f) = H_f(x)$ et l'application $\mu_x : f \to H_f(x)$ de $\mathcal{C}(\Delta)$ est une mesure positive sur Δ .

3) $\Longrightarrow$ 2): on emploie l'hypothèse (S), 2.2.21 et 3.2.8 . |

Soient X^c résolutif et x un point de X.

Définition. La mesure positive μ_x, definie par

$$\int f \, d\mu_x = H_f(x)$$

sur $\mathcal{C}(\Delta)$, est la mesure harmonique relative à x.

3.2.1o Lemme[xx)]. Si $f > -\infty$ est semi-continue inférieurement sur Δ , alors

$$\underline{H}_f(x) = \int f \, d\mu_x \quad \text{sur } X$$

Démonstration. f est l'enveloppe supérieure de l'ensemble $\mathcal{G}$ des $g \in \mathcal{C}(\Delta)$ avec $g \leq f$. On a $\underline{H}_f \geq \sup\limits_{g \in \mathcal{G}} H_g$.

---

x) La mesure positive μ_x^V est l'application $f \to H_f^V(x)$ de $\mathcal{C}(V^*)$, V relativement compact.

xx) Dans tout énoncé, où apparaît la mesure harmonique, la résolutivité du compactifié est sous-entendue.

D'autre part, soit $v \in \underline{\mathcal{S}}_f$. On prolonge v par limite supérieure sur Δ . Il existe $g \in \mathcal{G}$ avec $v \leq g$, car Δ est normal et v est s.c.s. et bornée supérieurement. On a alors $v \in \underline{\mathcal{S}}_g$, donc

$$v(x) \leq H_g(x) \leq \int f \, d\mu_x \quad \text{sur } X,$$

d'où la conclusion . |

<u>Observation 1.</u> La fonction sur X $x \to \int f \, d\mu_x$ est hyperharmonique.

<u>Observation 2.</u> Si $u > -\infty$ est s.c.i. sur X^c est hyperharmonique sur X, alors $\int u d\mu_x \leq u(x)$ sur X.

<u>Observation 3.</u> La formule est vraie pour f s.c.i. sur Δ et μ_x - intégrable pour tout $x \in X$ (on envisage, pour chaque $n \in \mathbb{N}$, la fonction $\max(f,n)$, voir 3.2.12).

<u>3.2.11 Proposition.</u> Si f est semi-continue inférieurement et bornée sur Δ , la fonction sur X

$$x \to \int f \, d\mu_x$$

est harmonique.

<u>Démonstration.</u> On a $\int f \, d\mu_x = \sup_{g \in \mathcal{G}} H_g(x)$ sur X (voir 3.2.10).
Soit $a > 0$ réel fini tel que $f \leq a$. Alors $\int f \, d\mu_x \leq a h_1(x)$ sur X (3.2.8). Il existe un potentiel p sur X avec $h_1 \leq p + 1$ (2.1.8), d'où la conclusion (l'axiome K_D) . |

<u>3.2.12 Théorème.</u> Soit f fonction numérique sur Δ . Si $\int^* f \, d\mu_x$ est finie (resp. f est μ_x - intégrable) pour x dans un ensemble partout dense, alors $\int^* f \, d\mu_x$ est finie (resp. f est μ_x - intégrable) pour chaque $x \in X$ et la fonction sur X $x \to \int^* f \, d\mu_x$ est harmonique.

<u>Démonstration.</u> Soit $\int^* f \, d\mu_x$ finie sur un ensemble partout dense et supposons d'abord qu'on ait $f \leq a$, a réel fini. Alors $\int^* f \, d\mu_x = \inf_{\varphi \in \Phi} \int \varphi \, d\mu_x$, où Φ est l'ensemble des fonctions $\geq f$, semi-continues inférieurement et bornées sur Δ , donc $x \to \int^* f \, d\mu_x$ est

harmonique sur X (3.2.11, l'axiome K_D).

Dans le cas général, posons, pour chaque $n \in \mathbb{N}$, $f_n = \min(f,n)$. $\int^* f_n \, d\mu_x$ est finie sur un ensemble partout dense, donc $x \to \int^* f_n d\mu_x$ est harmonique sur X. On a $\int^* f \, d\mu_x = \sup \int^* f_n \, d\mu_x$, donc $x \to \int^* f \, d\mu_x$ est harmonique sur X.

Soit maintenant f μ_x - intégrable pour x dans un ensemble partout dense. Alors $x \to \int^* f \, d\mu_x$ et $x \to -\int^* - f \, d\mu_x$ sont harmoniques sur X et égales, étant égales sur un ensemble partout dense. |

<u>Observation.</u> Si f est μ_x - intégrable pour tout $x \in X$, la fonction sur X $x \to \int f \, d\mu_x$ est majorée par la fonction harmonique sur X $x \to \int \max(f,1) \, d\mu_x$, donc elle est égale à une différence de deux fonctions harmoniques ≥ 0 (1.1.11).

<u>Définitions.</u> Une partie A de Δ est <u>mesurable</u>, lorsque la fonction caractéristique χ_A de A est μ_x - intégrable pour tout $x \in X$ et, dans ce cas, <u>la mesure harmonique</u> $\mu(A)$ de A est la fonction harmonique sur X

$$x \to \int \chi_A \, d\mu_x \quad (3.2.12).$$

Une propriété est <u>vraie presque partout</u> sur Δ, lorsque pour l'ensemble A des points de Δ, dans lesquels la propriété n'est pas vraie, on a $\mu(A) = 0$.

<u>Observation.</u> Lorsque $\int^* \chi_A \, d\mu_x = 0$ sur X, on a $\mu(A) = 0$. Si $\mu(A_n) = 0$ pour tout $n \in \mathbb{N}$, alors $\mu\left(\bigcup_{n=1}^{\infty} A_n\right) = 0$.

<u>3.2.13 Corollaire.</u> Soient U un ouvert et F un fermé de Δ. Alors U, F et $U \cap F$ sont mesurables.

<u>Démonstration.</u> On emploie les relations:

$$\int \chi_A \, d\mu_x \leq H_1(x) \text{ sur } X, \quad \chi_F = 1 - \chi_{\Delta - F}, \quad \chi_{U \cap F} = \chi_U - \chi_{U-F} \,.$$ |

<u>3.2.14 Corollaire.</u> Si f est une fonction numérique bornée inférieurement sur Δ, la fonction sur X $x \to \int^* f \, d\mu_x$ est la

limite d'une suite croissante de fonctions harmoniques sur X.

Démonstration. Posons, pour chaque $n \in \mathbb{N}$, $f_n = \min(f,n)$. $x \to \int^* f_n \, d\mu_x$ est harmonique sur X (3.2.12) . |

3.2.15 Théorème. Lorsque Δ est métrisable, on a, pour toute fonction numérique f sur Δ ,

$$\overline{H}_f(x) = \int^* f \, d\mu_x \quad \text{sur } X.$$

Démonstration. Supposons $f > -\infty$ et s.c.i. sur Δ . Alors on a $f = \sup g_n$, $(g_n)_{n \in \mathbb{N}}$ suite croissante de fonctions de $\mathcal{C}(\Delta)$, donc

$$\int^* f \, d\mu_x = \sup H_{g_n}(x) = \overline{H}_f(x) \quad \text{sur } X \text{ (3.2.1)} .$$

Dans le cas général, soit Φ l'ensemble des fonctions φ , s.c.i. et $> -\infty$ sur Δ , avec $\varphi \geq f$. On a

$$\int^* f \, d\mu_x = \inf_{\varphi \in \Phi} \int \varphi \, d\mu_x \geq \overline{H}_f(x) \quad \text{sur } X.$$

Soit maintenant $u \in \overline{\mathcal{S}}_f$. On prolonge u par limite inférieure sur Δ et on a

$$\int^* f \, d\mu_x \leq \int u \, d\mu_x \leq u(x) \quad \text{sur } X \text{ (3.2.10)},$$

d'où la conclusion . |

Observation 1. Pour Δ quelconque on a

$$\underline{H}_f(x) \leq \int_* f \, d\mu_x \leq \int^* f \, d\mu_x \leq \overline{H}_f(x) \quad \text{sur } X.$$

Observation 2. Lorsque Δ n'est pas métrisable, le théorème n'est pas vrai (voir 3.3.3 Observation).

3.2.16 Corollaire. Soit Δ métrisable. Une fonction numérique f sur Δ est résolutive, si et seulement si elle est μ_x-intégrable pour x dans un ensemble partout dense et, dans ce cas, on a

$$H_f(x) = \int f \, d\mu_x \quad \text{sur } X.$$

Démonstration. On emploie 3.2.12 et 3.2.13 . |

Observation. Pour Δ quelconque on a: f résolutive $\Rightarrow$ f est μ_x - intégrable pour tout $x \in X$.

Si φ est μ_x - intégrable pour tout $x \in X$, on note, ad-hoc, avec $\int \varphi \, d\mu$ la fonction harmonique sur X $x \to \int \varphi \, d\mu_x$.

3.2.17 Théorème. Si f,f' sont bornées inférieurement sur Δ et μ_x - integrables pour tout $x \in X$, alors

$$\int f \, d\mu \vee \int f' \, d\mu = \int \max(f,f') d\mu, \quad \int f \, d\mu \wedge \int f' \, d\mu = \int \min(f,f') d\mu.$$

Démonstration. Il suffit de montrer que $\int f \, d\mu \vee \int f' \, d\mu \geq \int \max(f,f') d\mu$. Supposons f(resp. f') s.c.s. et bornée superieurement sur Δ . Alors $\int f \, d\mu = \overline{H}_f$ (resp. $\int f' \, d\mu = \overline{H}_{f'}$, 3.2.10), donc

$$\int f \, d\mu \vee \int f' \, d\mu = \int \max(f,f') d\mu \ (3.2.12,\ 3.2.5).$$

Dans le cas général, soit g (resp. g') une fonction s.c.s., bornée supérieurement sur Δ et μ_x - intégrable pour tout $x \in X$, avec $g \leq f$ (resp. $g' \leq f'$). Alors

$$(1) \quad \int f \, d\mu \vee \int f' \, d\mu \geq \int g \, d\mu \vee \int g' \, d\mu = \int \max(g,g') d\mu.$$

Soit $x \in X$. f(resp. f') étant μ_x - intégrable, il existe une suite croissante (g_n) (resp. g_n') de fonctions s.c.s. et bornées sur Δ , avec $g_n \leq f$ (resp. $g_n' \leq f'$) pour tout $n \in \mathbb{N}$ et avec $\sup g_n = f$ (resp. $\sup g_n' = f'$) presque partout. g_n et g_n' sont μ_y-intégrables pour tout $y \in X$, car f et f' le sont. On a

$$\int \max(f,f') d\mu_x = \sup \int \max(g_n, g_n') d\mu_x,$$

donc, eu égard à (1),

$$\int \max(f,f') d\mu_x \leq \left(\int f \, d\mu \vee \int f' \, d\mu \right)(x) \ . \ |$$

3.2.18 Corollaire. Si A et B sont mesurables, alors $A \cup B$ et $A \cap B$ sont mesurables et on a

$$\mu(A \cup B) = \mu(A) \vee \mu(B), \qquad \mu(A \cap B) = \mu(A) \wedge \mu(B).$$

3.2.19 Théorème. Lorsque X^c est résolutif, on a

$$\Gamma = \overline{\bigcup_{x \in X} \operatorname{supp} \mu_x} .$$

Démonstration. Soit $f \in \mathcal{C}(\Delta)$ avec supp $f \subset \Lambda$. On prolonge f par continuité à X^c et on a $\int f \, d\mu_x = H_f(x) = h_f^{X,X}(x) = 0$ sur X (3.2.8, 3.1.7), donc supp $\mu_x \subset \Gamma$ pour tout $x \in X$ et $\overline{\bigcup_{x \in X} \operatorname{supp} \mu_x} \subset \Gamma$.

Posons $U = \Delta - \overline{\bigcup_{x \in X} \operatorname{supp} \mu_x}$. Supposons, par absurde, $U \cap \Gamma \neq \emptyset$ et soit $y \in U \cap \Gamma$. $\chi_U = \sup \mathcal{G}$, $\mathcal{G}$ l'ensemble des $g \in \mathcal{C}(\Delta)$ avec $0 \leq g \leq \chi_U$. On prolonge chaque $g \in \mathcal{G}$ par continuité à X^c et on a $h_g^{X,X}(x) = \int g \, d\mu_x = 0$ sur X, car g = 0 sur supp μ_x pour tout $x \in X$. Il existe un potentiel p sur X tel que $g \leq p$, donc $g(y) = 0$ et $\chi_U(y) = 0$ - contradiction et $\Gamma \subset \overline{\bigcup_{x \in X} \operatorname{supp} \mu_x}$. |

Observation 1. On a $U = \Lambda$, donc

$$\mu(\Lambda) = 0, \qquad \mu(\Gamma) = H_1,$$

car $\mu(\Lambda) \vee \mu(\Gamma) = H_1$.

Observation 2. On peut avoir $\Gamma \neq \bigcup_{x \in X} \operatorname{supp} \mu_x$ comme le montre un exemple de C. Constantinescu et A. Cornea.

Observation 3. Lorsque $h_1(x) = 0$, le support de μ_x est vide.

3.2.2o Corollaire. Soit G un ouvert de Γ. Si $\mu(G) = 0$, alors $G = \emptyset$.

Démonstration. Soit $G = \Gamma \cap U$, U ouvert de Δ. G est mesurable (3.2.13) et on a $\mu(\Gamma - U) = H_1$ (3.2.18, 3.2.19 Observation 1), donc

$$\int (1 - \chi_{\Gamma - U})\, d\mu_x = 0 \qquad \text{sur } X.$$

Alors $\chi_{\Gamma - U} = 1$ sur supp μ_x, donc supp $\mu_x \subset \Gamma - U$ pour tout $x \in X$ et $G = \emptyset$. |

3.2.21 Lemme. Si X^c est résolutif et si U est un ouvert de X^c, alors $\hat{R}^{X-U}_{\mu(\Delta \cap U)}$ est un potentiel.

Démonstration. Posons $u = \mu(\Delta \cap U)$ et $s = \hat{R}^{X-U}_u$. On a $u \leq h_1^{X,X}$, donc u est pseudo-bornée sur X (2.1.8). Il existe un nombre $a > 0$ réel fini tel que $h_s^{X,X} \leq a\, \mu(\Delta - U)$, eu égard à 3.2.7, 3.2.10 et 3.2.13, car $\overline{X-U} \cap \Delta \subset \Delta - U$. On a aussi $h_s^{X,X} \leq u$, donc

$$h_s^{X,X} \leq \max(1,a) \left[\mu(\Delta - U) \wedge u\right] = 0 \ (3.2.18)$$

et s est un potentiel (II § 1, considérations préliminaires) . |

3.2.22 Proposition. Soient X^c résolutif, U un ouvert de X et $s \geq 0$ surharmonique sur U. Pour

$$A = \left\{ y \in \Delta - \overline{X-U} : \lim_{x \to y} s(x) = \infty \right\}$$

on a $\mu(A) = 0$.

Démonstration. Soient $t \in \bar{\mathcal{G}}_1^{X,X^c}$ surharmonique, $\varepsilon > 0$ réel fini et, lorsque $U^* \cap X \neq \emptyset$, $v \in \bar{\mathcal{G}}_t^{U,X}$. La fonction w sur X, égale à t sur X-U et à min $(t, v + \varepsilon s)$ sur U, est hyperharmonique (1.3.10 [2]). Soit $y \in A$. Il existe un voisinage ouvert V de y tel que $V \cap X \subset U$, donc

$$\liminf_{x \to y} w(x) = \liminf_{x \to y,\, x \in U} \min(t(x), v(x) + \varepsilon s(x)) \geq 1$$

et $w \in \bar{\mathcal{G}}_{\chi_A}^{X,X^c}$. Si u est la fonction sur X $x \to \int^* \chi_A\, d\mu_x$, on a $u \leq \mu(\Delta - \overline{X-U})$, donc u est harmonique (3.2.12) et $u \leq w$ (3.2.15 Observation 1). Il s'ensuit que $u \leq v + \varepsilon s$ sur U, donc $u \leq H_t^{U,X}$,

$u = H_u^{U,X}$ sur U (1.2.1o) et $u = \hat{R}_u^{X-U}$ (1.2.9). Enfin $\hat{R}_u^{X-U} = \hat{R}^{X-U}_{\mu(\Delta - \overline{X-U})}$, donc u = 0 (3.2.21), A est mesurable et $\mu(A) = 0$.

Lorsque $U^* \cap X = \emptyset$, la fonction sur X, égale à t sur X-U et à $\min(t, \varepsilon s)$ sur U, se trouve dans $\bar{\mathcal{S}}^{X,X^c}_{\chi_A}$, donc, comme plus haut, u = 0 sur U et $u = \hat{R}_u^{X-U}$. |

3.2.23 Théorème. X^c est résolutif si et seulement si 1 est harmonisable sur X et l'une des propriétés suivantes est vérifiée:

a) si $f \geq 0$ est pseudo-bornée sur X et si tout point de Δ possède un voisinage ouvert U tel que $\bar{h}_f^{U \cap X, X} = 0$, alors $\bar{h}_f^{X,X} = 0$;

b) si A, B sont des parties de X telles que $\bar{A} \cap \bar{B} \cap \Delta = \emptyset$, alors $\min(\hat{R}_1^A, \hat{R}_1^B)$ est un potentiel;

c) si A, B sont des parties de Δ telles que $\bar{A} \cap \bar{B} = \emptyset$, alors

$$\bar{H}_{\chi_{A \cup B}} = \bar{H}_{\chi_A} + \bar{H}_{\chi_B}.$$

Démonstration. On désigne par A l'assertion "X^c est résolutif" et par a_1 (resp. b_1, c_1) l'assertion "a (resp. b,c) et 1 est harmonisable sur X".

$A \Rightarrow a_1$. Supposons f harmonique et soit $(U_i)_{1 \leq i \leq n}$ un recouvrement ouvert fini de Δ , avec $\bar{h}_f^{U_i \cap X, X} = 0$ pour $1 \leq i \leq n$. Lorsque $(U_i \cap X)^* \cap X = \emptyset$, on a

$$f = \bar{h}_f^{U_i \cap X, U_i \cap X} = \bar{h}_f^{U_i \cap X, X} = 0 \text{ sur } U_i \cap X, \text{ donc } f = \hat{R}_f^{X-U_i}$$

(voir la démonstration précédente). Lorsque $(U_i \cap X)^* \cap X \neq \emptyset$, on a $f = H_f^{U_i \cap X, X}$ sur $U_i \cap X$ (2.1.4, f est dominée sur X), donc à nouveau $f = \hat{R}_f^{X-U_i}$ (voir la démonstration précédente). Il existe $a_i > 0$ réel fini tel que $f \leq a_i\, \mu(\Delta - U_i)$ pour $1 \leq i \leq n$ (3.2.7, 3.2.1o), car $\overline{X-U_i} \cap \Delta \subset \Delta - U_i$, donc

$$f \leq \max_{1 \leq i \leq n} a_i \left[\mu(\Delta - A_1) \wedge \ldots \wedge \mu(\Delta - A_n) \right] = 0 \qquad (3.2.18)$$

et $f = 0$.

Dans le cas général posons $u = \bar{h}_f^{X,X}$. u est harmonique (l'hypothèse (S), 2.1.1) et pseudo-bornée sur X (on emploie 2.1.8, u est bornée sur chaque partie compacte de X). On a $\bar{h}_u^{U \cap X,X} = \bar{h}_f^{U \cap X,X}$ (2.1.9), donc, d'après ce qui précède, $u = 0$.

$a_1 \Longrightarrow b_1$. Posons $s = \min(\hat{R}_1^A, \hat{R}_1^B)$, $v = h_s^{X,X}$ et soit $s_o \geq 1$ surharmonique sur X. Pour $t = \hat{R}_1^A$ on a $v \leq t$, donc $v \leq h_t^{X,X}$. Il existe $a > 0$ réel fini tel que $h_t^{X,X} \leq a h_1^{X,X}$ (3.2.7, 3.2.8), donc v est pseudo-bornée sur X (2.1.8). Tout point de Δ possède un voisinage ouvert U tel qu'on ait $\bar{A} \cap U = \emptyset$ ou $\bar{B} \cap U = \emptyset$, donc $v \leq s \leq \hat{R}_{s_o}^{X-U}$. On a $R_{s_o}^{X-U} = H_{s_o}^{U \cap X,X}$ sur $U \cap X$(1.2.9) et, pour $u = H_{s_o}^{U \cap X,X}$, $\bar{h}_u^{U \cap X,X} = 0$ (2.1.6), donc $h_v^{U \cap X,X} = 0$. Il s'ensuit que $v = h_v^{X,X} = 0$ et alors s est un potentiel (II § 1, considérations préliminaires).

$b \Longrightarrow c$. Soient U,V deux ouverts de X^c tels que $\bar{A} \subset U$, $\bar{B} \subset V$ et $\bar{U} \cap \bar{V} = \emptyset$. Alors $\min(\hat{R}_1^{U \cap X}, \hat{R}_1^{V \cap X})$ est un potentiel. $\hat{R}_1^{U \cap X} \in \bar{\mathcal{S}}_{\chi_A}$ et $\hat{R}_1^{V \cap X} \in \bar{\mathcal{S}}_{\chi_B}$, donc $\min(\bar{H}_{\chi_A}, \bar{H}_{\chi_B})$ est un potentiel, $\bar{H}_{\chi_A}$ et $\bar{H}_{\chi_B}$ étant harmoniques (l'hypothèse (S), 3.2.2).

$$(1) \quad \bar{H}_{\chi_A} + \bar{H}_{\chi_B} = \min(\bar{H}_{\chi_A}, \bar{H}_{\chi_B}) + \max(\bar{H}_{\chi_A}, \bar{H}_{\chi_B}),$$

$$h^{X,X}_{\max(\bar{H}_{\chi_A}, \bar{H}_{\chi_B})} = h^{X,X}_{\bar{H}_{\chi_A}} \vee h^{X,X}_{\bar{H}_{\chi_B}} = \bar{H}_{\chi_A} \vee \bar{H}_{\chi_B} \quad (2.2.5,\ 2.2.1),$$

donc, appliquant l'opérateur h dans (1),

$$\bar{H}_{\chi_A} + \bar{H}_{\chi_B} = \bar{H}_{\chi_A} \vee \bar{H}_{\chi_B} = \bar{H}_{\chi_{A \cup B}} \quad (3.2.5).$$

$c_1 \Longrightarrow A$. Soit $f \in \mathcal{C}(X^c)$. Posons, pour chaque $a \in \mathbb{R}$,

$$F_a = \{x \in X^c : f(x) = a\}, \quad \chi_a = \chi_{\Delta \cap F_a}.$$

Pour tout $x \in X$ la famille $(\overline{H}_{\chi_a}(x))_{a \in \mathbb{R}}$ est sommable dans $\mathbb{R}$, car toute somme partielle finie est majorée par $H_1(x)$, donc l'ensemble des $a \in \mathbb{R}$ pour lesquels $\overline{H}_{\chi_a}(x) > 0$ est dénombrable.

Soient $(x_n)_{n \in \mathbb{N}}$ une suite de points de X partout dense et $(A_i)_{i \in \mathbb{N}}$ une suite d'ensembles dénombrables définie, par récurrence sur i, comme il suit: A_1 est l'ensemble des $a \in \mathbb{R}$ tels que $\overline{H}_{\chi_a}(x_1) > 0$ et A_{i+1} est l'ensemble des $a \in \mathbb{R} - \bigcup_{j=1}^{i} A_j$ tels que $\overline{H}_{\chi_a}(x_{i+1}) > 0$. Posons $\mathbb{R}_1 = \mathbb{R} - \bigcup_{i=1}^{\infty} A_i$. On a, pour tout $a \in \mathbb{R}_1$, $\overline{H}_{\chi_a}(x_n) = 0$ pour tout n, donc $\overline{H}_{\chi_a} = 0$, le premier membre étant harmonique. Posons encore $s_a = \hat{R}_1^{X \cap F_a}$. Il existe $\alpha_a > 0$ réel fini tel que $h_{s_a}^{X,X} \leq \alpha_a \overline{H}_{\chi_a}$ (3.2.7), donc pour tout $a \in \mathbb{R}_1$ on a $h_{s_a}^{X,X} = 0$ et s_a est un potentiel. $\mathbb{R}_1$ étant partout dense, il s'ensuit que $f.1 = f$ est harmonisable sur X (2.2.12), donc X^c est résolutif (3.2.9) . |

<u>3.2.24 Lemme.</u> Si u est une fonction harmonique pseudo-bornée sur X et se prolonge par continuité à $X \cup \Gamma$, alors

$$\int u \, d\mu_x = u(x) \quad \text{sur } X.$$

<u>Démonstration</u>. Il existe un potentiel p sur X et un nombre $a > 0$ réel fini tels que (1) $|u| \leq p + a$, donc u est finie sur Γ. Par définition on a

$$\int u \, d\mu_x = \int u_1 \, d\mu_x,$$

où $u_1 \in \mathcal{C}(\Delta)$ est un prolongement de $u|\Gamma$ (3.2.19).

Soit $f \in \mathcal{C}(X^c)$ avec $f = u$ sur Γ. On a $h_{u-f}^{X,X} = 0$ (3.1.7). Eu égard à (1) et à l'hypothèse (S), on a $u \in \overline{\mathcal{H}}_u^{X,X} \cap \underline{\mathcal{H}}_u^{X,X}$, donc

$u = h_u^{X,X}$. Enfin $H_f(x) = \int u \, d\mu_x$ sur X, d'où la conclusion (3.2.8).|

3.2.25 Théorème. Soient X^c, $X^{c'}$ deux compactifiés de X et $\pi : X^c \to X^{c'}$ une application continue avec $\pi(x) = x$ sur X. Si X^c est résolutif, alors $X^{c'}$ est résolutif et on a

$$\int g' \, d\mu'_x = \int g' o \pi \, d\mu_x \quad \text{sur } \mathcal{C}(\Delta'),$$

μ_x et μ'_x étant les mesures harmoniques sur Δ et Δ' relatives à x.

Démonstration. Soit $g' \in \mathcal{C}(X^{c'})$. On $g' \big| X = g' \circ \pi \big| X$, donc g' est harmonisable sur X et $X^{c'}$ est résolutif (3.2.9).

On a $\pi(\Delta) = \Delta'$ (3.0.3). Si φ est une fonction numérique sur X, alors

$$\liminf_{x \to y} \varphi(x) \geq \liminf_{x \to \pi(y)} \varphi(x), \qquad \limsup_{x \to y} \varphi(x) \leq \limsup_{x \to \pi(y)} \varphi(x)$$

pour tout $y \in \Delta$, car pour tout voisinage V' de $\pi(y)$ il existe un voisinage V de y tel que $V \cap X \subset V' \cap X$. Il s'ensuit que, pour f' fonction numerique sur Δ', on a

$$\bar{\mathcal{S}}_{f'}^{X,X^{c'}} \subset \bar{\mathcal{S}}_{f' \circ \pi}^{X,X^c}, \qquad \underline{\mathcal{S}}_{f'}^{X,X^{c'}} \subset \underline{\mathcal{S}}_{f' \circ \pi}^{X,X^c},$$

d'où la conclusion .|

3.2.26 Proposition. Soient X^c résolutif et U un ouvert non vide de X. Si $h_1^{U,X} = 0$, alors $\Gamma \subset \overline{X-U}$.

Démonstration. Le cas "U relativement compact" est trivial.

Lorsque U = X, on emploie 3.1.9. Lorsque $U \neq X$, posons $u = h_1^{X,X}$. On a $h_u^{U,X} = h_1^{U,X}$ (2.2.2). Supposons $U^* \cap X \neq \emptyset$. Alors

$$u = h_u^{U,U} = H_u^{U,X} = R_u^{X-U} \quad \text{sur U (2.1.4, 1.2.9)},$$

donc $u = \hat{R}_u^{X-U}$. Supposons $U^* \cap X = \emptyset$. Alors

$$u = h_u^{U,U} = h_u^{U,X} = 0 \quad \text{sur U},$$

donc la même conclusion: $u = \hat{R}_u^{X-U}$.

$u = H_1 = \mu(\Gamma)$ (3.2.19 Observation 1), donc

$$u = \hat{R}_u^{X-U} = \hat{R}^{X-U}_{\mu(\Gamma \cap \overline{X-U})} + \hat{R}^{X-U}_{\mu(\Gamma - \overline{X-U})} \leq \mu(\Gamma \cap \overline{X-U}) + \mu(\Gamma - \overline{X-U}) = u,$$

$$\hat{R}^{X-U}_{\mu(\Gamma \cap \overline{X-U})} - \mu(\Gamma \cap \overline{X-U}) = \mu(\Gamma - \overline{X-U}) - \hat{R}^{X-U}_{\mu(\Gamma - \overline{X-U})} = 0,$$

$$\mu(\Gamma - \overline{X-U}) = \hat{R}^{X-U}_{\mu(\Gamma - \overline{X-U})} .$$

Le dernier terme est un potentiel (3.2.21), donc $\mu(\Gamma - \overline{X-U}) =$ $= 0$ et $\Gamma \subset \overline{X-U}$ (3.2.2o) . |

3.2.27 Proposition. Soient X^c résolutif, f fonction continue bornée sur X, A le support de f dans X et F un fermé de X tel que les adhérences, dans X^c, de A et F soient disjoints. Si f est une fonction de Wiener (resp. potentiel de Wiener) sur X-F, alors f est une fonction de Wiener (resp. potentiel de Wiener) sur X.

Démonstration. Soient $a > 0$ réel fini avec $|f| \leq a$ et $g \in \mathcal{C}(X^c)$ telle que $g = a$ sur A et $g = 0$ sur F. g est harmonisable sur X, donc il existe un potentiel p sur X avec $g \leq h_g^{X,X} + p$ (2.1.8). Posons $s = h_g^{X,X} + p$. On a $|f| \leq s$ et $\hat{R}_s^F$ est un potentiel (2.1.1o), d'où la conclusion (2.2.8) . |

§3. Ensembles polaires et points réguliers

Soient X^c un compactifié de l'espace harmonique X.

Définitions. Une partie P de X^c est polaire, s'il existe une fonction surharmonique $s \geq 0$ sur X, telle que

$$\lim_{x \to y} s(x) = \infty$$

pour tout $y \in P$. s est associée avec P.

Soit s associée avec l'ensemble polaire P. On a $s = \infty$ sur $P \cap X$, donc, lorsque $P \subset X$, P est polaire dans le sens habituel ([2]).

Toute partie d'un ensemble polaire est polaire. Toute partie compacte de Δ est polaire (3.1.3).

3.3.1 Proposition. Si $(P_n)_{n \in \mathbb{N}}$ est une suite d'ensembles polaires, alors $P = \bigcup_{n=1}^{\infty} P_n$ est polaire.

Démonstration. Soient, pour tout $n \in \mathbb{N}$, s_n associée avec P_n et $a_n > 0$ réel fini tel que $s = \sum_{n=1}^{\infty} a_n s_n$ soit surharmonique (1.1.9). s est associée avec P . |

3.3.2 Proposition. Si P est polaire et si $x \in X - P$, il existe s associée avec P telle que $s(x) < \infty$.

Démonstration. Soient u associée avec P et $(V_n)_{n \in \mathbb{N}}$ une suite d'ensembles réguliers avec $\bigcap_{n=1}^{\infty} V_n = \{x\}$. Il existe une suite $(a_n)_{n \in \mathbb{N}}$ de nombres > 0 réels finis, telle que $\sum_{n=1}^{\infty} a_n u_{V_n}(x) < \infty$ et que $s = \sum_{n=1}^{\infty} a_n u_{V_n}$ soit surharmonique sur X (1.1.9). Si $y \in P$, on $\lim_{x \to y} s(x) = \infty$, car il existe V_n disjoint d'un voisinage de y . |

3.3.3 Proposition. Une partie P de Δ est polaire si et seulement si $\overline{H}_{\chi_P} = 0$.

Démonstration. La condition est nécessaire. Soient $x \in X$, s associée avec P telle que $s(x) < \infty$ (3.3.2) et $\varepsilon > 0$ réel fini. Alors $\varepsilon s \in \overline{\mathcal{S}}_{\chi_P}$, donc

$$\overline{H}_{\chi_P}(x) \leq \varepsilon s(x),$$

d'où la conclusion.

La condition est suffisante. Il existe une fonction surharmonique $t \geq 0$ sur X, telle que, pour tout $\varepsilon > 0$ réel fini, on ait $\varepsilon t \in \bar{\mathcal{G}}_{\chi_P}$ (3.2.3), donc $\liminf_{x \to y} t(x) = \infty$ pour tout $y \in P$.

<u>Observation.</u> Soit X^c résolutif. Si $P \subset \Delta$ est polaire, alors $\mu(P) = 0$ (3.2.15 Observation 1). Lorsque Δ est métrisable, la réciproque est vraie (3.2.15). Dans le cas général, l'assertion: $\mu(P) = 0 \Longrightarrow P$ est polaire n'est pas vraie.

Soit X^c résolutif.

<u>Définitions.</u> Le point y de Δ est <u>régulier</u>, lorsque

$$\lim_{x \to y} H_f(x) = f(y)$$

pour toute $f \in \mathcal{C}(\Delta)$. Dans le cas contraire, y est <u>irrégulier</u>.

$H_f(x) = \mu_x(f)$ et $f(y) = \varepsilon_y(f)$, donc tout point régulier se trouve dans Γ (3.2.19).

<u>3.3.4 Lemme.</u> Soit y un point régulier. Pour toute fonction numérique f bornée supérieurement sur Δ on a

$$\limsup_{x \to y} \overline{H}_f(x) \leq \limsup_{x \to y} f(x).$$

<u>Démonstration.</u> Supposons $\limsup_{x \to y} f(x) < \infty$. Soient $a = \sup f(\Delta)$, b réel fini $> \limsup_{x \to y} f(x)$ et $c = \max(a,b)$. Il existe un voisinage V de y dans Δ tel que $b > \sup f(V)$. Soit $g: \Delta \to [b,c]$ continue, avec $g(y) = b$ et $g = c$ sur $\Delta - V$. On a $g \geq f$, donc

$$\limsup_{x \to y} \overline{H}_f(x) \leq b,$$

d'où la conclusion . |

IV. LE COMPACTIFIÉ DE WIENER

L'ensemble $\mathcal{W}(X)$ des fonctions de Wiener sur X n'est pas vide (2.2.14 Observation) et, en les considérant comme des applications de X dans $\overline{\mathbb{R}}$, il existe un compactifié X^c avec les propriétés suivantes:

a) toute fonction de Wiener sur X se prolonge par continuité à X^c;

b) l'ensemble des prolongements, par continuité à X^c, des fonctions de Wiener sur X sépare les points de $X^c - X$.

X^c est déterminé à un homeomorphisme près, dont la restriction à X est l'identité (3.0.3).

Définitions. Lorsque 1 est harmonisable sur X, le compactifié X^c_w ayant les propriétés a) et b) est le compactifié de Wiener de X. $\Delta_w = X^c_w - X$ est la frontière de Wiener de X. Γ_w est la frontière harmonique de Wiener. $\Lambda_w = \Delta_w - \Gamma_w$.

Observation. Lorsque 1 est harmonisable sur X, l'hypothèse (S) est vérifiée, 1 étant alors surmajorée sur X.

4.1 Proposition. L'ensemble $\widetilde{\mathcal{W}}(X)$ des prolongements, par continuité X^c_w, des fonctions de Wiener bornées sur X sépare les points de X^c_w. $\widetilde{\mathcal{W}}(X)$ est dense dans $\mathcal{C}(X^c_w)$ muni de la topologie de la convergence uniforme sur X^c_w.

Démonstration. Soient x,y deux points distincts de X^c_w. Lorsque $x,y \in X$, on emploie 2.2.16 . Lorsque $x,y \in \Delta_w$, soit f continue sur X^c_w avec $f|X \in \mathcal{W}(X)$ et telle que $f(x) \neq f(y)$. Il existe $n \in \mathbb{N}$ tel que, pour $f_n = \min(\max(f,-n),n)$, on ait $f_n(x) \neq f_n(y)$. On a $f_n \in \widetilde{\mathcal{W}}(X)$ (2.2.14). Enfin, lorsque $x \in X$ et $y \in \Delta_w$, soient K un voisinage compact de x dans X et $g: X \to [0,1]$ continue avec $g(x) = 1$ et $g = 0$ sur X-K. On a $h_g^{X,X} = 0$. Il existe un voisinage de Δ disjoint de K, donc le prolongement de g par continuité à

X_w^c est égal à 0 sur Δ_w et $g(x) \neq g(y)$.

Pour la deuxième assertion on emploie 2.2.14 et le théorème de Stone . |

4.2 Théorème. X^c est résolutif, si et seulement s'il existe une application continue $X_w^c \to X^c$, dont la restriction à X est l'identité.

Démonstration. Soit X^c résolutif et $f \in \mathcal{C}(X^c)$. f est harmonisable sur X (3.2.9), donc on peut prolonger $f|X$ par continuité à X_w^c et on procéde comme chez 3.0.3 Démonstration, pour trouver un prolongement de l'identité sur X dans une application continue $X_w^c \to X^c$.

Soient $\pi : X_w^c \to X^c$ continue avec $\pi(x) = x$ sur X et $f \in \mathcal{C}(X^c)$. On a $f \circ \pi \in \mathcal{C}(X_w^c)$, donc il existe une suite $(f_n)_{n \in \mathbb{N}}$ de fonctions de $\tilde{\mathcal{W}}(X)$ qui converge uniformément sur X_w^c vers $f \circ \pi$ (4.1). Soit $\varepsilon > 0$ réel fini. On a, à partir d'un certain rang, $|f_n - f| \leq \varepsilon$ sur X, donc

$$h_{f_n} - \varepsilon h_1 \leq \underline{h}_f \leq \overline{h}_f \leq h_{f_n} + \varepsilon h_1^{x)},$$

$$\overline{h}_f - \underline{h}_f \leq 2\varepsilon h_1,$$

d'où la conclusion (3.2.9), f étant dominée sur X (l'hypothèse (S)) . |

4.3 Corollaire. Le compactifié de Wiener de X et le compactifié d'Alexandrov de X (lorsque 1 est harmonisable sur X) sont résolutifs.

Démonstration. On emploie la surjection naturelle (III, § 0).|

Observation. On a alors $\tilde{\mathcal{W}}(X) = \mathcal{C}(X_w^c)$.

4.4 Proposition[xx]. Si f est harmonisable sur X et si A est

---

[x] L'indice X,X a été supprimé.

[xx] Dans tout énoncé où apparaît X_w^c on sous-entend que 1 est harmonisable sur X.

l'ensemble des points de X dans lesquels f n'est pas continue, alors f possède une limite dans chaque point de $\Delta_w - \bar{A}$.

<u>Démonstration.</u> Soit A^+ (resp. A^-) l'ensemble des points de X dans les quels f^+(resp. f^-) n'est pas continue. On a $\overline{A^+} \cup \overline{A^-} \subset \bar{A}$, donc on peut supposer $f \geq 0$.

Soient $y \in \Delta_w - \bar{A}$ et $f' : X_w^c \to [0,1]$ continue avec $f' = 1$ sur un voisinage de y et $f' = 0$ sur $\bar{A}$. Si $a > 0$ est réel fini, posons $g = \min(f, af')$. g est harmonisable (4.3, 3.2.9, 2.2.1) et continue sur X, car $\lim_{x \to z} g(x) = 0$ pour tout $z \in \bar{A}$, ayant $0 \leq g \leq af'$, donc g se prolonge par continuité à X_w^c.

Posons, pour tout $n \in \mathbb{N}$, $g_n = \min(f,n)$, $a_n = \lim_{x \to y} g_n(x)$ et $a = \lim_{n \to \infty} a_n$. On a

$$\lim_{x \to y} f(x) = a :$$

lorsque $a < \infty$, soient $n > a$ et J intervalle ouvert avec $a \in J$ et $n \notin J$; on prend $a_m \in J$ avec $m \geq n$; il existe un voisinage V de y tel que $g_m(V \cap X) = f(V \cap X) \subset J$; lorsque $a = \infty$, on a $\liminf_{x \to y} f(x) \geq a_n$ pour tout n, d'où la conclusion . |

<u>4.5 Corollaire.</u> Toute fonction harmonisable et continue sur X se prolonge par continuité à X_w^c.

<u>4.6 Théorème.</u> Tout point de Γ_w est régulier.

<u>Démonstration.</u> Soient $y \in \Gamma_w$ et $f \in \mathcal{C}(\Delta)$. On prolonge f par continuité à X_w^c et on a $h_f^{X,X} = H_f$ (3.2.8). Il existe un potentiel p sur X tel que $|h_f^{X,X} - f| \leq p$ (2.1.8). On prend la limite inférieure au point y et on obtient la conclusion . |

Notons, ad-hoc dans 4.7, 4.8 et 4.9, avec ∂U la frontière de U dans X.

<u>4.7 Théorème.</u> Si U est un ouvert de X, alors $\bar{U} - \overline{\partial U}$ est un ouvert de X_w^c.

Démonstration. Soient $y \in \bar{U} - \overline{\partial U}$ et $f : X_w^c \to [0,1]$ continue avec $f(y) = 1$ et $f = 0$ sur $\overline{\partial U}$. La fonction g sur X, égale à f sur $U \cup \partial U$ et à 0 sur $X - (U \cup \partial U)$, est une fonction de Wiener sur X: on emploie 2.2.9 lorsque $\partial U = \emptyset$ et 2.2.17 lorsque $\partial U \neq \emptyset$, dans le deuxième cas ayant $H_f^{X-(U \cup \partial U),X} = 0$. On prolonge g par continuité à X_w^c et on a $g = f$ sur $\bar{U}$, donc $g(y) = 1$ et $g = 0$ sur $\overline{\partial U}$. L'ensemble

$$\{x \in X_w^c : g(x) > 2^{-1}\}$$

est un voisinage de y contenu dans $\bar{U} - \overline{\partial U}$, car $g = 0$ sur $X - U$ donc sur $X_w^c - \bar{U}$, d'où la conclusion . |

4.8 Corollaire. Si U est un ouvert de X, alors

$$\bar{U} - \overline{\partial U} = \bar{U} - \overline{X-U},$$

l'adhérence étant prise dans X_w^c.

Démonstration. On a $(\bar{U} - \overline{\partial U}) \cap (X-U) = \emptyset$, donc $(\bar{U} - \overline{\partial U}) \cap \overline{X-U} = \emptyset$, le premier facteur étant ouvert, donc $\bar{U} - \overline{\partial U} \subset \bar{U} - \overline{X-U}$, d'où la conclusion . |

4.9 Corollaire. Si U est domaine de X_w^c, alors $U \cap X$ est un domaine.

Démonstration. Supposons, par absurde, $U \cap X = U_1 \cup U_2$, U_1 et U_2 ouverts non vides et disjoints de X. On a $U = U \cap (\bar{U}_1 \cup \bar{U}_2)$, car $U \cap \overline{X-U} = \emptyset$, donc $U \cap \bar{U}_1 \cap \bar{U}_2 \neq \emptyset$, U étant connexe. Soit $y \in U \cap \bar{U}_1 \cap \bar{U}_2$. On a $y \notin \overline{\partial(U \cap X)}$ et $\partial U_i \subset \partial(U \cap X)$ pour $i = 1,2$, donc $y \in (\bar{U}_1 - \overline{\partial U_1}) \cap (\bar{U}_2 - \overline{\partial U_2})$ et le deuxième membre est ainsi un ouvert non vide. Il s'ensuit que

$$U_1 \cap U_2 = X \cap (\bar{U}_1 - \overline{\partial U_1}) \cap (\bar{U}_2 - \overline{\partial U_2}) \neq \emptyset,$$

X étant partout dense-contradiction . |

4.1o Proposition. Si F est un fermé de X et si $\hat{R}_1^F = 0$, alors

$$\bar{F} \cap \Delta_w \subset \Lambda_w.$$

Démonstration. Soit $y \in \overline{F} \cap \Delta_w$. Il existe un potentiel p_o fini et continu sur X avec $p_o \geq 1$ sur F (1.1.1o). On a $\lim_{x \to y} p_o(x) \geq 1$, d'où la conclusion . |

4.11 Théorème. Si le point y de Δ_w admet un système fondamental dénombrable de voisinages dans X_w^c, alors $y \in \Gamma_w$ et il existe un voisinage V de y tel que aucun point de $V \cap X$ ne soit pas polaire.

Démonstration. Supposons, par absurde, $y \in \Lambda_w$ et soient p potentiel sur X avec $\lim_{x \to y} p(x) = \infty$ (3.1.3) et $(V_n)_{n \in \mathbb{N}}$ un système fondamental de voisinages ouverts de y dans X_w^c avec, pour tout n, $\overline{V}_{n+1} \subset V_n$. On peut supposer $p \geq 1$ sur V_1. Il existe, pour tout $n \in \mathbb{N}$, une fonction $f_n : X \to [0,1]$ continue, égale à 1 dans un point de $(V_n - \overline{V}_{n+1}) \cap X$ et à 0 en dehors de $(V_n - \overline{V}_{n+1}) \cap X$.

$$f = \sum_{n=1}^{\infty} f_n$$

est finie et continue sur X et $0 \leq f \leq p$, car $f = f_n$ sur $(V_n - \overline{V}_{n+1}) \cap$ $\cap X$, donc f est un potentiel de Wiener sur X. f prend les valeurs 0 et 1 dans tout voisinage de y, donc elle ne peut être prolongée par continuité dans y - contradiction.

Supposons maintenant, par absurde, le contraire de la deuxième assertion et soient, pour tout $n \in \mathbb{N}$, $x_n \in X$ un point polaire et $\lim_{n \to \infty} x_n = y$. $A = \bigcup_{n=1}^{\infty} \{x_n\}$ est polaire et fermé. On a $\hat{R}_1^A = 0$, donc $\overline{A} \cap \Delta_w \subset \Lambda_w$ (4.1o) - contradiction . |

4.12 Corollaire. Lorsque X_w^c est métrisable, on a $\Delta_w = \Gamma_w$.

4.13 Proposition. Si l'ensemble

$$\left\{ x \in X : \{x\} \text{ est polaire} \right\}$$

est dense dans X-K, K partie compacte de X, alors Λ_w est dense dans Δ_w.

Démonstration. Soient $y \in \Delta_w$ et U, V deux voisinages ouverts de y dans X_w^c avec $\overline{V} \subset U$. On prend une exhaustion (K_n) de X telle que $K \subset \overset{\circ}{K}_1$ et que

$$V \cap (\overset{\circ}{K}_{n+1} - K_n) \neq \emptyset \quad \text{pour tout } n.$$

Si x_n est un point polaire de $V \cap (\overset{\circ}{K}_{n+1} - K_n)$, l'ensemble $A = \bigcup_{n=1}^{\infty} \{x_n\}$ est polaire (3.3.1) et fermé dans X, n'ayant point d'accumulation dans X, car dans tout $\overset{\circ}{K}_n$ il existe un nombre fini de points de A. On a $\hat{R}_1^F = 0$, donc

$$\overline{A} \cap \Delta_w \subset \Lambda_w \qquad (4.1o) \quad .$$

Si y_o est un point d'accumulation de A, on a $y_o \in \overline{V} \cap \Lambda_w$, d'où la conclusion . |

4.14 Théorème. Le point y de Γ_w est isolé dans Γ_w, si et seulement si l'on a

$$\mu(\{y\}) \neq 0$$

dans au moins un point de X.

Démonstration. La condition est nécessaire: $\{y\}$ est un ouvert de Γ_w et on emploie 3.2.2o .

La condition est suffisante. Posons $u = \mu(\{y\})$. u est harmonisable (2.2.5) et pseudo-bornée sur X, car $u \leq h_1^{X,X_1} \leq p + 1$, p potentiel sur X (2.1.8), donc u se prolonge par continuité à X_w^c et on a $u(x) = \int u \, d\mu_x$ sur X (3.2.24).

$\chi_{\{y\}} = \inf \mathcal{G}$, $\mathcal{G}$ l'ensemble des $g \in \mathcal{C}(\Delta)$ avec $\chi_{\{y\}} \leq g$, donc

$$u = \inf_{g \in \mathcal{G}} H_g \text{ sur X.}$$

On a alors, pour tout point $z \in \Gamma_w$ et pour toute $g \in \mathcal{G}$, $u(z) \leq g(z)$ (4.6), donc $u = 0$ sur $\Gamma_w - \{y\}$. Il existe un point $x_1 \in X$ tel que

$$\int u \, d\mu_{x_1} = u(x_1) > 0,$$

donc $u(y) \neq 0$, d'où la conclusion . |

Observation. La condition reste nécessaire pour un compactifié résolutif quelconque.

Définition. La fonction harmonique $u \geq 0$ sur X est minimale, lorsque, pour toute fonction harmonique $v \geq 0$ sur X avec $v \leq u$, il existe un nombre réel a tel que

$$v = au.$$

4.15 Théorème. Une fonction pseudo-bornée ≥ 0 sur X est minimale, si et seulement si elle est proportionnelle à la mesure harmonique d'un point de Δ_w.

Démonstration. Pour tout $z \in \Delta_w$ on a $\mu(\{z\}) = 0$ (3.2.19 Observation 1).

Soient $y \in \Gamma_w$, $u = \mu(\{y\})$ et $v \geq 0$ harmonique sur X avec $v \leq u$. v est harmonisable et pseudo-bornée sur X (voir la démonstration de 4.14), donc v se prolonge par continuité à X_w^c et on a $v(x) = \int v \, d\mu_x$ sur X, $u = 0$ sur $\Gamma_w - \{y\}$, donc v aussi. Soit a nombre réel tel que $v(y) = au(y)$. On a alors

$$v(x) = \int au \, d\mu_x = au(x) \quad \text{sur } X.$$

Soit maintenant u fonction harmonique minimale pseudo-bornée sur X et supposons $u \neq 0$ dans au moins un point de X, le cas contraire étant trivial. On a $u(x) = \int u \, d\mu_x$ sur X, donc il existe un point $y \in \Gamma_w$ avec $u(y) \neq 0$. On a $u = 0$ sur $\Gamma_w - \{y\}$. Vraiment, soient z_1, z_2 deux points distincts de Γ_w avec $u(z_1)\, u(z_2) \neq 0$. Alors $u > 0$ sur un voisinage compact V_i dans Δ_w de z_i pour $i = 1,2$. On peut supposer $V_1 \cap V_2 = \emptyset$. Soient $m_i = \inf u(V_i)$ et $g_i : \Delta_w \to [0, m_i]$ continue avec $g_i(z_i) = m_i$ et $g_i = 0$ sur $\Delta_w - V_i$ pour $i = 1,2$. On a $g_i \leq u$ sur Δ_w, donc $H_{g_i} \leq u$ sur X pour $i = 1,2$ et H_{g_1}, H_{g_2} sont proportionnelles. $H_{g_1} \neq 0$ dans au moins un point de X, car z_1 est régulier (4.6) et

$$H_{g_1} \wedge H_{g_2} = 0 \qquad (3.2.6),$$

ayant $\min(g_1,g_2) = 0$ - contradiction. Il s'ensuit, comme plus haut, que $\mu(\{y\}) = bu$, avec $b \geq 0$ réel fini . |

4.16 Théorème. Soit f semi-continue inférieurement et bornée sur Γ_w. La fonction $\bar{f}$ sur Γ_w:

$$\bar{f}(y) = \limsup_{x \to y} f(x)$$

est continue.

Démonstration. Soient $a > 0$ réel fini tel que $|f| \leq a$ et $\mathcal{G}$ l'ensemble des $g \in \mathcal{C}(\Gamma_w)$ avec $g \leq f$. Par définition on a $\int f \, d\mu_x = \int f_1 \, d\mu_x$, où f_1 est l'enveloppe supérieure de l'ensemble des prolongements, par continuité à Δ_w, des fonctions de $\mathcal{G}$. On peut supposer que tout prolongement est $\leq a$, donc la fonction sur X $u : x \to \int f \, d\mu_x$ est harmonique (3.2.12). On a $|u| \leq ah_1$, donc u est harmonisable (2.2.5) et pseudo-bornée sur X (2.1.8). u se prolonge par continuité à X_w^c et on a (1) $u(x) = \int u \, d\mu_x$ sur X (3.2.24). Pour toute $g \in \mathcal{C}(\Delta)$, avec $g \leq f$ sur Γ_w, on a $H_g \leq u$, donc $g \leq u$ sur Γ_w (4.6). Il s'ensuit que $f \leq u$ et, eu égard à (1),

$$\mu(\{y \in \Gamma_w : f(y) \neq u(y)\}) = 0.$$

On a, pour tout $y \in \Gamma_w$,

$$f(y) \leq \bar{f}(y) \leq u(y),$$

donc $u-\bar{f}$ est ≥ 0, s.c.i. et égale à 0 presque partout sur Γ_w. Alors

$$\int (u - \bar{f}) \, d\mu_x = 0$$

pour tout $x \in X$ et $u-\bar{f} = 0$ sur Γ_w (3.2.19, raisonnement par absurde) . |

4.17 Corollaire. Γ_w est totalement discontinue et, lorsqu'elle est métrisable, l'ensemble de ses points est fini.

Démonstration. Soit G un ouvert de Γ_w et χ_G sa fonction caractéristique dans Γ_w. On a, pour tout $y \in \Gamma_w$, $\chi_{\overline{G}}(y) = \limsup_{x \to y} \chi_G(x)$, donc $\overline{G}$ est un ouvert de Γ_w et celle-ci est totalement discontinue (III, § 0).

Lorsque Γ_w est métrisable, tous ses points sont isolés (3.0.6), d'où la conclusion, Γ_w étant compacte . |

4.18 Proposition. Soit U un ouvert de X avec la frontière dans X compacte. Si $h_1^{U,X} = 0$, alors $\overline{U} \cap \Gamma_w = \emptyset$.

Démonstration. Posons $K = U^* \cap X$. La fonction f sur X, égale à 1 sur U et à 0 sur X-U, est (X-K,X) - harmonisable et $h_f^{X-K,X} = 0$ (2.2.9). Il s'ensuit que f est harmonisable sur X et que $h_f^{X,X} = 0$ (l'hypothèse (S), 1.1.4, 2.2.7). Si f_o est la fonction sur X, égale à 1 sur $U \cup K$ et à 0 sur $X-(U \cup K)$, on a $h_{f_o}^{X,X} = 0$. Il existe un potentiel p sur X tel que $p \geq f_o$ (2.1.8). Soient $G = \{x \in X : p(x) > 1\}$ et $g : X \to [0,1]$ continue avec $g = 1$ sur $U \cup K$ et $g = 0$ sur X-G. Alors

$$g \leq R_g^X \leq p,$$

donc R_g^X est un potentiel continu (2.5.6 [2]). Celui-ci se prolonge par continuité à X_w^c, donc on a

$$\lim_{x \to y} R_g^X(x) \geq 1$$

pour tout $y \in \overline{U} \cap \Delta_w$, d'où la conclusion . |

Observation. 4.18 est à rapprocher de 3.1.9 et 3.2.26.

4.19 Proposition. Soient f_o une application continue de X dans un espace compact T, U un ouvert de Δ_w et A une partie polaire de U. Si f_o possède une limite dans tout point de U-A, alors f_o possède une limite dans tout point de A.

Démonstration. Il suffit d'envisager le cas lorsque T est l'intervalle $[0,1]$ de $\mathbb{R}$, car tout espace compact admet une immersion topologique dans un cube $[0,1]^I$.

Prenons le point $y \in A$. Il existe un voisinage fermé F de y dans X_w^c disjoint de $\Delta_w - U$. Soit $f' : X_w^c \to [0,1]$ continue avec $f' = 1$ sur F et $f' = 0$ sur $\Delta_w - U$. $f = f' f_o$ est une application continue de X dans $[0,1]$, qui se prolonge par continuité à $X_w^c - A$, car $o \leq f \leq f'$. Soient s associée avec A, $a > 0$ réel fini et

$$G = \{ x \in X_w^c : s(x) > a \},$$

s prolongée par limite inférieure sur Δ_w. Il existe une fonction continue $g : X_w^c \to [0,1]$ avec $g = f$ sur $X_w^c - G$, car $A \subset G$. On a

$$(1) \quad g - \frac{s}{a} \leq f \leq g + \frac{s}{a} .$$

Appliquant $\underline{h}$ à la première et $\overline{h}$ à la deuxième des inégalités (1), on obtient (2.2.5, 2.2.1), les termes du milieu étant harmoniques (l'hypothèse (S), 2.1.1),

$$\overline{h}_f^{X,X} - \underline{h}_f^{X,X} \leq \frac{2s}{a},$$

donc f est harmonisable sur X (l'hypothèse (S)) et se prolonge par continuité à X_w^c, d'où la conclusion, car $f = f_o$ sur F . |

4.20 Théorème. Une application continue de X dans un espace compact possède une limite dans tout point de Λ_w.

<u>Démonstration.</u> Tout point de Λ_w possède un voisinage compact K dans Δ_w contenu dans Λ_w. $\mathring{K}$ est polaire (3.1.3) . |

4.21 Proposition. Soit U un ouvert de X_w^c. Toute fonction de Wiener sur $U \cap X$ se prolonge par continuité à U.

<u>Démonstration</u>. Soit f fonction de Wiener sur $U \cap X$. Un espace compact admet une immersion topologique dans un cube $[0,1]^I$, donc on peut supposer $0 \leq f \leq 1$.

Soient $y \in U \cap \Delta_w$ et $g : X_w^c \to [0,1]$ continue avec le support contenu dans U et avec $g = 1$ sur un voisinage V de y. L'adhérence, dans X_w^c, du support dans X de $f_1 = \min(f,g)$ est contenue dans U, donc f_1 est une fonction de Wiener sur X, étant harmonisable sur

$U \cap X$ (2.2.3, 3.2.27). f_1 possède une limite dans y, donc f, car $f = f_1$ sur V .|

4.22 Proposition. Soient X, X' deux espaces harmoniques et $g: X \to X'$ continue. Si pour toute fonction de Wiener f' sur X', $f' \circ g$ est une fonction de Wiener sur X, g se prolonge dans une application continue $g: X_w^c \to X_w'^c$. Pour tout $y \in \Delta_w$ on a

$$g(y) = \bigcap_{U \in \mathfrak{U}} \overline{g(U \cap X)},$$

où $\mathfrak{U}$ est l'ensemble des voisinages de y dans X_w^c.

Démonstration. Soient $y \in \Delta_w$ et $\mathfrak{V}$ la trace sur X du filtre des voisinages de y dans X_w^c. $g(\mathfrak{V})$ est une base de filtre sur $X_w'^c$ et $f'(g(\mathfrak{V}))$, f' fonction de Wiener sur X', une base de filtre sur $\mathbb{R}$. Si y' est adhérent à $g(\mathfrak{V})$, alors $f'(y')$, f' prolongée par continuité à $X_w'^c$, est adhèrent à $f'(g(\mathfrak{V}))$, donc

$$(1) \quad f'(y') = (f' \circ g)\,(y),$$

où $f' \circ g$ est prolongée par continuité à X_w^c . Si, par absurde, y_1' et y_2' sont deux points distincts adhérents à $g(\mathfrak{V})$, on prend une fonction de Wiener f' sur X' avec $f'(y_1') \neq f'(y_2')$ (4.1) et on obtient une contradiction, compte tenu de (1). Il s'ensuit que $g(\mathfrak{V})$ converge vers y'. On prend $y' = g(y)$ et on obtient le prolongement désiré.

Soit maintenant g une application continue de X dans l'espace compact T et supposons que g se prolonge dans une application continue $g: X^c \to T$. Pour $y \in \Delta$ notons avec $\mathfrak{U}$ l'ensemble des voisinages de y dans X^c. Si F' est un voisinage fermé de g(y), on a, pour $V = g^{-1}(F')$, $\overline{g(V \cap X)} \subset F'$, donc

$$(2) \quad \bigcap_{U \in \mathfrak{U}} \overline{g(U \cap X)} \subset \{g(y)\},$$

d'où la conclusion, car le premier membre de (2) n'est pas vide, l'ensemble des $\overline{g(U \cap X)}$, où U parcourt $\mathfrak{U}$, étant centré . |

<u>Observation.</u> Dans l'enoncé de 4.22 on peut prendre, compte tenu de 4.1, une fonction de Wiener bornée sur X'.

4.23 Théorème. Soient X un ouvert de l'espace harmonique X' et g le prolongement par continuité à X_w^c de l'injection canonique de X dans X'. Si l'on pose $F' = X' - X$, $U' = X'^c_w - \overline{F'}$ et $U = g^{-1}(U')$, alors:

1) g est un homéomorphisme de U sur U';

2) $g(U \cap \Delta_w) = U' \cap \Delta'_w$, $g(U \cap \Lambda_w) = U' \cap \Lambda'_w$, $g(U \cap \Gamma_w) = U' \cap \Gamma'_w$.

<u>Démonstration.</u> Pour toute fonction de Wiener f' sur X' $f' \circ g$ est une fonction de Wiener sur X (2.2.3), donc g se prolonge dans une application continue $g: X_w^c \to X'^c_w$ (4.22). On a $\overline{X} \subset g(X_w^c)$, le deuxième membre étant compact et $g(X_w^c) \subset \overline{X}$, g étant continue, donc (1) $g(X_w^c) = \overline{X}$ et $U' \subset g(X_w^c)$, car $\overline{X} \cup \overline{F'} = X'^c_w$. Enfin on a $X \subset U'$, X étant un ouvert de X'^c_w, donc $g(X_w^c) = \overline{U'}$.

1). Soient x,y deux points distincts de U et V un voisinage de x, qui ne contient pas y et tel que

$$\overline{g(V)} \cap \overline{F'} = \emptyset$$

(on obtient V en prenant un voisinage fermé de g(x) contenu dans U'). Il existe une fonction $f \in \mathcal{C}(X_w^c)$ avec le support contenu dans V et tel que $f(x) = 1$. f est harmonisable sur X. Le support de f dans X est contenu dans $V \cap X = g(V \cap X)$. La fonction f' sur X', égale à f sur X et à 0 sur F', est donc finie, continue et harmonisable sur X' (3.2.27). Soit de même f' le prolongement de f' par continuité à X'^c_w. On a (2) $f' \circ g = f$ sur X, donc sur X_w^c. Alors $f'(g(x)) = 1$ et $f'(g(y)) = 0$, donc $g(x) \neq g(y)$ et g est une bijection de U sur U'. On a, eu égard à la continuité de f', $f' = 0$ sur $\overline{F'}$, donc, à cause de (1),

$$W = \left\{ x' \in X'^c_w : f'(x') \neq 0 \right\} \subset g(X_w^c)$$

et enfin, à cause de (2),

$$(3)\ W = g\left(\left\{z \in X_w^c : f(z) \neq 0\right\}\right) \subset g(V)$$

et g(V) est alors un voisinage de g(x), W étant ouvert. Il s'ensuit que g est un homéomorphisme de U sur U'.

2). Soit $x \in U \cap \Delta_w$ et supposons, par absurde, $g(x) \in U' \cap X'$. U' est disjoint de f', donc $g(x) = x \in X$ - contradiction. Soit $g(x) \in U' \cap \Delta'_w$ avec $x \in U$ et supposons, par absurde, $x \in X$. Alors $g(x) \in X$ - contradiction, d'où la première formule.

Soit $x \in U \cap \Lambda_w$. On peut choisir V de 1) tel qu'il soit disjoint de Γ_w. Alors f est un potentiel de Wiener sur X (3.1.5), donc f' est un potentiel de Wiener sur X' (3.2.27) et f' = 0 sur Γ'_w (3.1.5). $f'(g(x)) = f(x) = 1$, donc $g(x) \in \Lambda'_w$. Soit maintenant $g(x) \in U' \cap \Lambda'_w$. On peut choisir V de 1) tel que

$$\overline{g(V)} \cap \Gamma'_w = \emptyset.$$

On a alors, compte tenu de (3), f' = 0 sur Γ'_w et f' est un potentiel de Wiener sur X', donc $h_{f'}^{X,X'} = h_f^{X,X'} = 0$ (2.2.2). Si la frontière de X dans X' n'est pas vide, alors

$$h_{f'}^{X,X} = h_{f'}^{X,X'} + H_{f'}^{X,X'} = 0 \quad (2.1.4),$$

car f' = 0 sur F', donc $h_f^{X,X} = 0$. Si la frontière de X dans X' est vide - même conclusion: $h_f^{X,X} = h_f^{X,X'} = 0$. Alors f = 0 sur Γ_w et $x \in \Lambda_w$, d'où la deuxième formule.

La troisième formule est évidente, g étant une bijection sur U . |

V. APPLICATIONS HARMONIQUES

§1. Applications harmoniques

Soient X, X' deux espaces harmoniques.

Définition. L'application continue $\varphi : X \to X'$ est harmonique, si pour tout ouvert U' de X', avec $\varphi^{-1}(U') \neq \emptyset$, et pour toute fonction harmonique u' sur U' $u' \circ \varphi$ est harmonique sur $\varphi^{-1}(U')$.

L'injection canonique d'un ouvert U de X dans X est harmonique, de même que la composition de deux applications harmoniques.

5.1.1 Théorème. Soit $\varphi : X \to X'$ harmonique. Si s'est surharmonique sur U' et $\varphi^{-1}(U') \neq \emptyset$, alors $s' \circ \varphi$ est hyperharmonique sur $\varphi^{-1}(U')$.

Démonstration. Si V' est régulier dans U', s' est (V',X') - résolutive (4.1.8). On a, pour tout $x_1' \in V'^*$,

$$(1) \quad \liminf_{\substack{x' \to x_1' \\ x' \in V'}} H_{s'}^{V',X'}(x') \geq \liminf_{\substack{x' \to x_1' \\ x' \in V'^*}} s'(x') \geq s'(x_1') \quad (4.2.3\ [2]).$$

Soit U un ouvert relativement compact dans $\varphi^{-1}(U')$, $\mathcal{V}'$ un recouvrement fini de $\varphi(\bar{U})$ formé d'ensembles réguliers dans U' et $s'_{\mathcal{V}'}$ la fonction sur U' définie comme il suit: $s'_{\mathcal{V}'}(x') = s'(x')$ lorsque $x' \in U' - \bigcup_{V' \in \mathcal{V}'} V'$ et, dans le cas contraire, $s'_{\mathcal{V}'}(x') = \min_{x' \in V' \in \mathcal{V}'} H_{s'}^{V',X'}(x')$. $s'_{\mathcal{V}'}$ est continue sur $\bigcup_{V' \in \mathcal{V}'} V'$. Vraiment, soit $x' \in \bigcup_{V' \in \mathcal{V}'} V'$ et supposons d'abord que $x' \notin V'^*$ pour tout $V' \in \mathcal{V}'$. Il existe alors un voisinage ouvert de x' contenu dans $\bigcap_{x' \in V' \in \mathcal{V}'} V'$ sur lequel $s'_{\mathcal{V}'}$ est égale à une fonction continue, donc $s'_{\mathcal{V}'}$ est continue dans x'. Dans le cas contraire supposons, pour simplifier l'écriture, que V'_1 est le seul qui recouvre x' et que x' est point frontière seulement pour V'_2. Il existe un voisinage ouvert W' de x' contenu dans V'_1 et disjoint des autres $V' \in \mathcal{V}'$ sauf V'_2. On a

$$s'_{\mathcal{V}'} = \min\,(H_{s'}^{V'_1,X'}, H_{s'}^{V'_2,X'}) \quad \text{sur} \quad W' \cap V'_2$$

et $s'_{\mathcal{V}'} = H_{s'}^{V'_1,X'}$ sur $W' - V'_2$. Alors, compte tenu de (1),

$$\liminf_{\substack{y \to x' \\ y \in W' \cap V'_2}} s'_{\mathcal{V}'}(y) \geq s'_{\mathcal{V}'}(x') \quad \text{et} \quad \liminf_{\substack{y \to x' \\ y \in W' - V'_2}} s'_{\mathcal{V}'}(y) \geq s'_{\mathcal{V}'}(x'),$$

donc $s'_{\mathcal{V}'}$ est s.c.i. en x'. Enfin on a

$$s'_{\mathcal{V}'} \leq H_{s'}^{V'_1,X'} \quad \text{sur } W',$$

donc $s'_{\mathcal{V}'}$ est aussi s.c.s. en x'.

$s'_{\mathcal{V}'} \circ \varphi$ est continue sur U. On va montrer qu'elle est hyperharmonique, donc surharmonique sur U. Soient $x \in U$ et V un voisinage de x régulier dans U avec $\overline{V} \subset \bigcap_{\varphi(x) \in V' \in \mathcal{V}'} \varphi^{-1}(V')$. La fonction t sur l'intersection égale à $\min_{\varphi(x) \in V' \in \mathcal{V}'} H_{s'}^{V',X'} \circ \varphi$ est surharmonique, car φ est harmonique. On a $t \geq s'_{\mathcal{V}'} \circ \varphi$ sur l'intersection et t(x) = $= (s'_{\mathcal{V}'} \circ \varphi)(x)$, donc

$$\int s'_{\mathcal{V}'} \circ \varphi \, d\mu_x^V \leq \int t \, d\mu_x^V \leq t(x) = (s'_{\mathcal{V}'} \circ \varphi)(x)$$

et $s'_{\mathcal{V}'} \circ \varphi$ est hyperharmonique sur U (1.3.8 [2]).

L'ensemble des $s'_{\mathcal{V}'}$, $\mathcal{V}'$ recouvrement fini de $\varphi(\overline{U})$ formé d'ensembles réguliers dans U', est filtrant croissant: si $\mathcal{V}'_1, \mathcal{V}'_2$ sont deux recouvrements, l'ensemble

$$\mathcal{V}' = \{ V'_1 \cap V'_2 \neq \emptyset : V'_1 \in \mathcal{V}'_1, \ V'_2 \in \mathcal{V}'_2 \}$$

est un recouvrement fini de $\varphi(\overline{U})$ avec des ensembles réguliers dans U' (4.3.7 [2]); pour $V' = V'_1 \cap V'_2$ on a, s'_0 étant la fonction sur $\overline{V}'_1$ égale à s' sur $V_1'^{*}$ et à $H_{s'}^{V'_1,X'}$ sur V'_1,

$$H_{s'}^{V'_1,X'} = \overline{H}_{s_0}^{V',X'} \leq H_{s'}^{V',X'} \quad (1.2.12),$$

donc $s'_{\mathcal{V}'} \geq \max (s'_{\mathcal{V}'_1}, s'_{\mathcal{V}'_2})$. On a aussi

$$s' = \sup_{\mathcal{V}'} s'_{\mathcal{V}'} :$$

soit a réel fini avec $a < s'(x')$; il existe W' voisinage de x' régulier dans U' tel que $H_{s'}^{W',X'}(x') > a$ (2.1.1 [2], 4.1.7 [2]); on prend un recouvrement fini de $\varphi(\overline{U})$ - W' tel que ses éléments ne contiennent pas x' et on ajoute W' à celui-ci.

Il s'ensuit que

$$s'\circ\varphi = \sup_{\mathcal{V}'} s'_{\mathcal{V}'}\circ\varphi$$

est hyperharmonique sur U, d'où la conclusion . |

5.1.2 Théorème. Soit $\varphi : X \to X'$ harmonique. Si f' est une fonction de Wiener sur X', $f'\circ\varphi$ est une fonction de Wiener sur X.

Démonstration. La relation $f' = f'^{+} - f'^{-}$ montre qu'il suffit de démontrer le théorème dans le cas: $f' \geq 0$.

Supposons compact le support de f' et soit K' un voisinage compact de celui-ci. Pour tout $\varepsilon > 0$ réel fini il existe deux potentiels p', q' dans $\mathcal{C}(X')$ tels que $p'-q' = 0$ sur X' - K' et $|f'-(p'-q')| < \varepsilon$ (Lemma 1.1 [7]). Si $s' > 0$ est une fonction surharmonique de $\mathcal{C}(X')$ telle que $s' \geq 1$ sur K', on a alors $|f'-(p'-q')| < \varepsilon s'$, donc

(1) $\varepsilon s'\circ\varphi + p'\circ\varphi - q'\circ\varphi < f' < \varepsilon s'\circ\varphi + p'\circ\varphi - q'\circ\varphi$,

(2) $-\varepsilon s'\circ\varphi - q'\circ\varphi < f' < \varepsilon s'\circ\varphi + p'\circ\varphi$.

(2) montre, compte tenu de 5.1.1, que f' est dominée sur X'. On applique $\underline{h}$ à la première et $\overline{h}$ à la deuxième des inégalités

(1) et on obtient (2.2.5)

$$- \varepsilon h_{s'\circ\varphi} + h_{p'\circ\varphi} - h_{q'\circ\varphi} \leq \underline{h}_{f'} \leq \overline{h}_{f'} \leq \varepsilon h_{s'\circ\varphi} + h_{p'\circ\varphi} - h^{x)}_{q'\circ\varphi} ,$$

$$\overline{h}_{f'\circ\varphi} - \underline{h}_{f'\circ\varphi} \leq 2\,\varepsilon\, s'\circ\varphi .$$

Soit maintenant f' potentiel de Wiener sur X' et x un point de X. Il existe un potentiel $p'_o \in \mathcal{C}(X')$ avec $f' \leq p'_o$ (2.1.8), donc $f'\circ\varphi$ est dominée sur X (5.1.1). On a $p'_o \in \overline{\mathcal{H}}^{X',X'}_{f'}$, donc il existe un potentiel p' sur X', fini dans $\varphi(x)$, tel que, pour tout $\varepsilon > 0$ réel fini, on ait $f' < \varepsilon p'$ sur $X'-K'_\varepsilon$, K'_ε partie compacte de X' (2.1.7 Observation 2). Soit $g'_\varepsilon \in \mathcal{C}(X')$ avec le support compact et telle que (3) $|f'-g'_\varepsilon| \leq \varepsilon p'$ (on emploie deux fois le théorème d'Uryson).
(3) montre que g'_ε est dominée sur X', donc elle est harmonisable sur X', ayant $g'_\varepsilon = 0$ en dehors d'un compact de X'. Il s'ensuit comme plus haut, compte tenu de 5.1.1, que

$$\overline{h}_{f'\circ\varphi} - \underline{h}_{f'\circ\varphi} \leq 2\,\varepsilon\, p'\circ\varphi \quad \text{sur } X,$$

donc en particulier dans x, d'où la conclusion.

Passons au cas général. $f'-h_{f'}$ est un potentiel de Wiener sur X' (2.2.2), donc la relation

$$f'\circ\varphi = (f' - h_{f'})\circ\varphi + h_{f'}\circ\varphi$$

achève la démonstration, car le deuxième terme de la somme est une fonction de Wiener sur X (2.2.5) . |

5.1.3 Proposition. Si $\varphi : X \to X'$ est un homéomorphisme harmonique, alors φ^{-1} est harmonique.

Démonstration. Soient U un ouvert de X et u une fonction harmonique sur U. On va montrer que $u\circ\varphi^{-1}$ est harmonique sur

---

x) Dans cette démonstration l'indice X,X a été supprimé.

$\varphi(U)$. Soit V' un ensemble régulier dans $\varphi(U)$. Posons (1) $u' = H^{V',X'}_{u\circ\varphi^{-1}}$, $u'\circ\varphi$ est harmonique sur $\varphi^{-1}(V')$. On a, compte tenu de (1),

$$\lim_{x \to y} (u'\circ\varphi)(x) = u(y)$$

pour tout point frontière y de $\varphi^{-1}(V')$, donc $u'\circ\varphi = u$ sur $\varphi^{-1}(V')$ (1.1.2 Observation 3) et $u' = u\circ\varphi^{-1}$ sur V', d'où la conclusion.

Observation. Il n'est pas nécessaire que X (resp. X') soit strictement harmonique ou qu'il possède une base dénombrable.

5.1.4 Corollaire. Soient $\mathcal{H}$, $\mathcal{H}'$ deux faisceaux de fonctions harmoniques sur X. Si toute fonction $\mathcal{H}'$- harmonique est $\mathcal{H}$- harmonique, alors $\mathcal{H}$ et $\mathcal{H}'$ coïncident.

§2. Le type B1.

Définitions. L'application harmonique $\varphi : X \to X'$ est du type B1 dans $x' \in X'$, s'il existe un voisinage ouvert U' de x' tel que $\varphi^{-1}(U') = \emptyset$ on bien

$$\bar{h}_1^{\varphi^{-1}(U'),X} = 0.$$

φ est du type B1, lorsqu'elle est du type B1 dans chaque point de X'.

L'ensemble des points de X' dans lesquels φ est du type B1 est ouvert.

Soit U' un voisinage ouvert de $x' \in X'$ tel que $\bar{h}_1^{\varphi^{-1}(U'),X} = 0$ et V' un voisinage ouvert de x' contenu dans U'. On a, compte tenu de 2.1.9 Observation, $\bar{h}_1^{\varphi^{-1}(V'),X} = 0$, donc: si φ est du type B1 dans x', celui-ci possède un système fondamental de voisinages ayant la propriété de la définition.

Si U' est un ouvert de X' avec $U = \varphi^{-1}(U') \neq \emptyset$, alors φ est du type B1 dans $x' \in U'$, si et seulement si la restriction de φ à U est du type B1 dans x': il faut: on prend un voisinage ouvert V' de x' tel que $\overline{V'} \subset U'$ et que $\overline{h}_1^{\varphi^{-1}(V'),X} = 0$, alors $\overline{h}_1^{\varphi^{-1}(V'),U} = 0$, car $\overline{\varphi^{-1}(V')}$ est contenu dans U; il suffit: voir le début de la démonstration de 2.2.6.

Lorsque φ est du type B1, elle n'est pas constante sur toute composante connexe de X: si, par absurde, on a $\varphi = a$ sur W, $a \in X'$ et W composante connexe de X, il existe un voisinage ouvert U' de a tel que $\overline{h}_1^{\varphi^{-1}(U'),X} = 0$, donc $\overline{h}_1^{W,X} = 0$; si u' est harmonique sur U', $u' \circ \varphi$ est harmonique sur $\varphi^{-1}(U')$, donc les constantes sont harmoniques sur W et alors $\overline{h}_1^{W,X} = \underline{h}_1^{W,X} = 1$, car $W^* = \emptyset$ - contradiction.

<u>5.2.1 Proposition.</u> Soit $\varphi : X \to X'$ harmonique, f fonction numérique sur X et $\mathcal{S}'$ l'ensemble des fonctions surharmoniques $s' \geq 0$ sur X', avec $s' \circ \varphi \geq f$. Si $\mathcal{S}'$ n'est pas vide et si U' est un ouvert de X' tel que $\varphi^{-1}(U') = \emptyset$ on bien $(\varphi^{-1}(U'))^* \neq \emptyset$ et

$$\overline{H}_f^{\varphi^{-1}(U'),X} \geq f,$$

alors $\inf \mathcal{S}'$ est harmonique sur U'.

<u>Démonstration.</u> Posons $u' = \inf \mathcal{S}'$ et soient $s' \in \mathcal{S}'$ et $v' \geq 0$ surharmonique sur X' avec $v' \geq s'$ sur X'-U'. Si $\varphi^{-1}(U') = \emptyset$, alors $v' \circ \varphi \geq s' \circ \varphi$, donc $v' \in \mathcal{S}'$. Si $(\varphi^{-1}(U'))^* \neq \emptyset$ et $f \leq \overline{H}_f^{\varphi^{-1}(U'),X}$, l'inégalité $v' \circ \varphi \geq s' \circ \varphi$ sur $\varphi^{-1}(X'-U')$ entraîne en particulier $v' \circ \varphi \geq f$ sur la frontière de $\varphi^{-1}(U')$, donc

$$v' \circ \varphi \geq \overline{H}_f^{\varphi^{-1}(U'),X}$$

et, compte tenu de l'hypothèse, $v' \in \mathcal{S}'$. Il s'ensuit que $u' \leq R_{s'}^{X'-U'}$ et que $u' = \inf_{s' \in \mathcal{S}'} R_{s'}^{X'-U'}$, d'où la conclusion, car $R_{s'}^{X'-U'}$ est harmonique sur U' et l'ensemble des $R_{s'}^{X'-U'}$ est filtrant décroissant .

Observation. Lorsque $(\varphi^{-1}(U'))^* = \emptyset$, la conclusion reste valable, si l'on a $f = 0$ sur $\varphi^{-1}(U')$.

5.2.2 Théorème. Si $\varphi : X \to X'$ est harmonique, les assertions suivantes sont équivalentes:

1) φ est du type B1;

2) l'ensemble F' des points de X' dans lesquels φ n'est pas du type B1 est polaire et $X - \varphi^{-1}(F')$ est partout dense;

3) si p' est un potentiel localement borné sur U' et si $\varphi^{-1}(U') \neq \emptyset$, alors $p' \circ \varphi$ est un potentiel sur $\varphi^{-1}(U')$;

4) si f' est une fonction numérique localement bornée sur X' et (U',X') - surmajorée avec $\varphi^{-1}(U') \neq \emptyset$, alors

$$\bar{h}_{f'\circ\varphi}^{\varphi^{-1}(U'),X} \leq \bar{h}_{f'}^{U',X'} \circ \varphi .$$

Démonstration. 2)$\Longrightarrow$3). Posons $U = \varphi^{-1}(U')$. $p' \circ \varphi$ est surharmonique sur U (5.1.1). Soient $u \geq 0$ harmonique sur U telle que $u \leq p' \circ \varphi$ et $\mathcal{S}'$ l'ensemble des fonctions surharmoniques $s' \geq 0$ sur U' avec $s' \circ \varphi \geq u$. $\mathcal{S}'$ n'est pas vide. On va montrer que $u' = \inf \mathcal{S}'$ est harmonique sur U'-F'. Soit V' un ouvert relativement compact dans U'-F' tel que $V = \varphi^{-1}(V') = \emptyset$ ou bien $\bar{h}_1^{V,U} = 0$. U'-F' est recouvert par la famille de ces V' (voir les préliminaires du paragraphe). Lorsque $V = \emptyset$, u' est harmonique sur V' (5.2.1). Lorsque $V \neq \emptyset$, soit $a > 0$ réel fini tel que $p' \leq a$ sur V', alors $u \leq a$ sur V et $h_u^{V,U} = 0$. Lorsque $V^* = \emptyset$, on a $u = h_u^{V,V} = h_u^{V,U}$ sur V, donc u' est harmonique sur V' (5.2.1 Observation). Enfin, lorsque $V^* \neq \emptyset$ on a $u = H_u^{V,U}$ (2.1.4), donc, encore une fois, u' est harmonique sur V' (5.2.1). Il s'ensuit que u' est harmonique sur U'-F'. u' est localement bornée sur U' car $u' \leq p'$, donc il existe une fonction harmonique $v' \geq 0$ sur U' telle que $u' = v'$ sur U'-F' (1.1.13). On a alors $v' \leq p'$, car U'-F' est dense dans U', donc

$v' = 0$. Il s'ensuit, compte tenu de $u'\circ\varphi \geq u$, que $u = 0$ sur $\varphi^{-1}(U'-F')$, donc sur U.

<u>3)$\Longrightarrow$4).</u> Posons $U = \varphi^{-1}(U')$ et supposons d'abord f' finie, continue et avec le support compact. f' est bornée et harmonisable sur X' (on prend une fonction surharmonique ≥ 0 sur X' et $\geq |f'|$ sur le support de f'), donc sur U' (2.2.3) et on a $h_{f'}^{U',X'} = 0$. $f'\circ\varphi$ est une fonction de Wiener sur U (5.1.2), donc elle est (U,X)-harmonisable (2.2.3). Soient K' une partie compacte de U', $F = \varphi^{-1}(K')$, p' (resp. q') potentiel > 0 sur U' (resp. $X'-K'$), p (resp. q) potentiel de Evans > 0 sur U (resp. $X-F$) associé avec $p'\circ\varphi$ (resp. $q'\circ\varphi$). Pour tout $\varrho > 0$ réel fini il existe une partie compacte K de X telle que $p > \varrho$ sur $F-K$: si $p' \geq m$ sur K', $m > 0$ réel fini, pour $\delta > 0$ réel fini on a $\frac{p}{p'\circ\varphi} > \delta$ sur U en dehors d'un compact, donc $p > m\delta$ sur l'intersection. $p + q$ possède la même propriété envers $U-F$. Soit $v \in \underline{\mathcal{H}}_{f'\circ\varphi}^{U,X}$ et supposons U non relativement compact. On a (1) $v \leq f'\circ\varphi$ sur U en dehors d'un compact de X, donc il existe $a \geq 1$ réel fini avec

$$(2) \quad ap \geq v \quad \text{sur } F$$

(voir la propriété ci-dessus, f' est bornée sur X'). $ap + q - v$ est hyperharmonique sur $U-F$, ≥ 0 sur $U-F$ en dehors d'un compact de X (on emploie (1) et la propriété ci-dessus) et sa limite inférieure est ≥ 0 en chaque point frontière de $U-F$ (si $y \in (U-F)^* \cap F^*$, on emploie la propriété ci-dessus, ayant $v(y) < \infty$), donc

$$ap + q - v \geq 0 \quad \text{sur } U-F \qquad (1.1.2) .$$

Il s'ensuit, en remplaçant q par εq, $\varepsilon > 0$ réel fini, que $ap \geq v$ sur $U-F$, donc sur U compte tenu de (2), $v \leq 0$, p étant potentiel, et enfin $\underline{h}_{f'\circ\varphi}^{U,X} \leq 0$. On obtient aussi, en remplaçant f' par $-f'$, $\overline{h}_{f'\circ\varphi}^{U,X} \geq 0$, donc

$$h_{f'\circ\varphi}^{U,X} = 0.$$

Passons au cas général et soit $s' \in \bar{\mathcal{H}}_{f'}^{U',X'}$ surharmonique. Il existe $g' \in \mathcal{C}(X')$ avec $f'-g' \leq s'$ sur U', donc $(f'-g')\circ\varphi \leq s'\circ\varphi$ sur U. Pour tout $y \in U^*$ on a

$$\liminf_{x \to y} (s'\circ\varphi)(x) \geq \liminf_{x' \to \varphi(y)} s'(x') \geq 0,$$

car $\varphi(y) \in U'^*$ ayant $\varphi(\bar{U}) \subset \overline{U'}$, donc $s'\circ\varphi \in \bar{\mathcal{H}}_{(f'-g')\circ\varphi}^{U,X}$. On a alors, compte tenu du cas particulier envisagé,

$$\bar{h}_{f'\circ\varphi}^{U,X} \leq \bar{h}_{(f'-g')\circ\varphi}^{U,X} + \bar{h}_{g'\circ\varphi}^{U,X} \leq s'\circ\varphi ,$$

d'où la conclusion, eu égard à 2.1.1 .

<u>4)⟹1).</u> Si U' est un ouvert relativement compact de X' avec $\varphi^{-1}(U') \neq \emptyset$, alors

$$\bar{h}_1^{\varphi^{-1}(U'),X} \leq \bar{h}_1^{U',X'}\circ\varphi = 0 . \;\Big|$$

<u>5.2.3 Proposition.</u> L'application harmonique $\varphi : X \to X'$ est du type Bl, s'il existe une fonction surharmonique $s' > 0$ sur X' avec $s'\circ\varphi$ potentiel sur X.

<u>Démonstration.</u> Soient U' un ouvert relativement compact de X' avec $\varphi^{-1}(U') \neq \emptyset$ et $a > 0$ réel fini tel que $as' \geq 1$ sur U', donc $as'\circ\varphi \geq 1$ sur $\varphi^{-1}(U')$. On a

$$\bar{h}_1^{\varphi^{-1}(U'),X} \leq \bar{h}_{s'\circ\varphi}^{\varphi^{-1}(U'),X} \leq 0,$$

car $\bar{h}_{s'\circ\varphi}^{X,X} = 0$ (2.1.9), d'où la conclusion . |

<u>5.2.4 Corollaire.</u> Soient $u' > 0$, $v' > 0$ deux fonctions harmoniques sur X'. Lorsque φ est du type Bl et $u' \wedge v' = 0$, alors $u'\circ\varphi \wedge v'\circ\varphi = 0$. Lorsque $u'\circ\varphi \wedge v'\circ\varphi = 0$, alors φ est du type Bl et, pour φ surjective, on a $u' \wedge v' = 0$.

<u>Démonstration</u>. Première assertion. min(u',v') est un potentiel continu sur X', donc $\min(u',v')\circ\varphi = \min(u'\circ\varphi , v'\circ\varphi)$

est un potentiel sur X (5.2.2) et alors $u'\circ\varphi \wedge v'\circ\varphi = 0$ comme minorante harmonique de celui-ci.

Deuxième assertion. $\min(u',v')\circ\varphi$ est un potentiel, donc φ est du type B1 (5.2.3). On a $(u'\wedge v')\circ\varphi = 0$, le premier membre étant une minorante harmonique de $u'\circ\varphi \wedge v'\circ\varphi$, donc pour φ surjective on a $u'\wedge v' = 0$. |

Observation. Pour la première assertion il suffit qu'on ait $u' \geq 0$, $v' \geq 0$.

5.2.5 Corollaire. Soient $\varphi : X \to X'$, $\varphi' : X' \to X''$ deux applications harmoniques. La condition nécessaire et suffisante (lorsque φ est surjective) pour que φ et φ' soient du type B1 est que $\varphi'\circ\varphi$ soit du type B1.

Démonstration. Posons $\varphi'' = \varphi'\circ\varphi$.

La condition est nécessaire. Soit $p'' > 0$ un potentiel de $\mathcal{C}(X'')$. Alors $p''\circ\varphi'$ est un potentiel fini et continu sur X' et $p''\circ\varphi''$ un potentiel sur X (5.2.2), donc φ'' est du type B1 (5.2.3).

La condition est suffisante pour φ surjective. Soit $p'' > 0$ un potentiel de $\mathcal{C}(X'')$. $p''\circ\varphi'$ est surharmonique sur X' (5.1.1) et $p''\circ\varphi''$ est un potentiel sur X, donc φ est du type B1. Si u' est la plus grande minorante sous-harmonique de $p''\circ\varphi'$, on a $u'\circ\varphi \leq p''\circ\varphi''$, donc $u' = 0$, $p''\circ\varphi'$ est un potentiel sur X' et φ' est du type B1. |

5.2.6 Corollaire. Soient $\varphi : X \to X'$ harmonique et F', l'ensemble des points de X' dans lesquels φ n'est pas du type B1, tel que $X - \varphi^{-1}(F')$ est partout dense. L'intersection de chaque ouvert de X' avec F' est vide on bien non polaire.

Démonstration. Soit U' un ouvert de X'. Lorsque $\varphi^{-1}(U')$ n'est pas vide, $F'\cap U'$ est l'ensemble des points de U' dans lesquels la restriction de φ à $\varphi^{-1}(U')$ n'est pas du type B1 (voir les préliminaires du paragraphe), donc si $F'\cap U'$ est polaire, alors il est vide (5.2.2). |

§3. Comportement sur la frontière de Wiener

5.3.1 Théorème. Toute application harmonique $X \to X'$ se prolonge dans une application continue $X_w^c \to X_w'^c$.

Démonstration. On emploie 4.22 et 5.1.2 . |

5.3.2 Théorème. Soit $\varphi : X \to X'$ harmonique et $\varphi : X_w^c \to X_w'^c$ son prolongement continu. L'ensemble des points dans lesquels φ n'est pas du type Bl est égal à

$$X' \cap \varphi(\Gamma_w).$$

Démonstration. Soit $x' \in X' - \varphi(\Gamma_w)$. Il existe un voisinage ouvert U' de x' contenu dans X' et tel que $\overline{U'} \cap \varphi(\Gamma_w) = \emptyset$. Supposons $\varphi^{-1}(U') \neq \emptyset$. Si l'on pose $U = X \cap \varphi^{-1}(U')$, on a $\overline{U} \cap \Gamma_w = \emptyset$, donc $h_1^{U,X} = 0$ (3.1.9) et φ est du type Bl dans x'.

Soit $x' \in X' \cap \varphi(\Gamma_w)$. Pour tout voisinage ouvert U' de x', contenu dans X', on a $\varphi^{-1}(U') \neq \emptyset$ et

$$\Gamma_w \not\subset \overline{X - \varphi^{-1}(U')}$$

(raisonnement par absurde, $\varphi^{-1}(U')$ est voisinage d'un point de Γ_w), donc, si l'on pose $U = X \cap \varphi^{-1}(U')$, on a $h_1^{U,X} \neq 0$ dans au moint un point de U (3.2.26) et φ n'est pas du type Bl dans x' . |

5.3.3 Corollaire. φ est du type Bl, si et seulement si

$$\varphi(\Gamma_w) \subset \Delta'_w.$$

INDEX TERMINOLOGIQUE

BIBLIOGRAPHIE

[1] Bauer, H. Math. Ann. 146, 1-59 (1962).

[2] Bauer, H. Harmonische Räume und ihre Potentialtheorie. Springer-Verlag, Berlin-Heidelberg-New York, 1966.

[3] Boboc, N., and Constantinescu, C., and Cornea, A. Nagoya Math. J. 23, 73-96 (1963).

[4] Boboc, N., and Constantinescu, C., and Cornea, A. Ann. Inst. Fourier 15 (1), 283-312 (1965).

[5] Boboc, N., and Constantinescu, C., and Cornea, A. Ann. Inst. Fourier 15 (2), 37-7o (1965).

[6] Brelot, M. Lectures on Potential Theory. Part IV. Tata Institute of Fundamental Research, Bombay, 196o.

[7] Constantinescu, C. Ann. Inst. Fourier 17 (1), 273-293 (1967).

[8] Constantinescu, C., and Cornea, A. Ideale Ränder Riemannscher Flächen. Springer-Verlag, Berlin-Heidelberg-Göttingen (1963).

[9] Constantinescu, C., and Cornea, A. Nagoya Math. J. 25, 1-57 (1965).

[1o] Heins, M. Ann. of Math. 61, 44o-473 (1955).

[11] Janssen, K. Diplom-Arbeit, 1966 (non publié).

[12] Loeb, P., and Walsh, B. Bull. Amer. Math. Soc. 74, 1oo4-1oo7 (1968).

[13] Meghea, C. C.R. Acad. Sc. Paris 27o, 939-941 (197o).

[14] Meghea, C. C.R. Acad. Sc. Paris 271, 33-35 (197o).

[15] Meghea, C. Rev. Roum. Math. pures et appl. 16(1), 69-75 (1971).

[16] Meghea, C. Rev. Roum. Math. pures et appl. 16(2), 239-243 (1971).

[17] Meghea, C. Rev. Roum. Math. pures et appl. (à paraître).

Lecture Notes in Mathematics

Bisher erschienen/Already published

Vol. 38: R. Berger, R. Kiehl, E. Kunz und H.-J. Nastold, Differentialrechnung in der analytischen Geometrie IV, 134 Seiten. 1967 DM 12,-

Vol. 39: Séminaire de Probabilités I. II, 189 pages. 1967. DM 14,-

Vol. 40: J. Tits, Tabellen zu den einfachen Lie Gruppen und ihren Darstellungen. VI, 53 Seiten. 1967. DM 6,80

Vol. 41: A. Grothendieck, Local Cohomology. VI, 106 pages. 1967. DM 10,-

Vol. 42: J. F. Berglund and K. H. Hofmann, Compact Semitopological Semigroups and Weakly Almost Periodic Functions. VI, 160 pages. 1967. DM 12,-

Vol. 43: D. G. Quillen, Homotopical Algebra. VI, 157 pages. 1967. DM 14,-

Vol. 44: K. Urbanik, Lectures on Prediction Theory. IV, 50 pages. 1967. DM 5,80

Vol. 45: A. Wilansky, Topics in Functional Analysis. VI, 102 pages. 1967. DM 9,60

Vol. 46: P. E. Conner, Seminar on Periodic Maps. IV, 116 pages. 1967. DM 10,60

Vol. 47: Reports of the Midwest Category Seminar I. IV, 181 pages. 1967. DM 14,80

Vol. 48: G. de Rham, S. Maumary et M. A. Kervaire, Torsion et Type Simple d'Homotopie. IV, 101 pages. 1967. DM 9,60

Vol. 49: C. Faith, Lectures on Injective Modules and Quotient Rings. XVI, 140 pages. 1967. DM 12,80

Vol. 50: L. Zalcman, Analytic Capacity and Rational Approximation. VI, 155 pages. 1968. DM 13,20

Vol. 51: Séminaire de Probabilités II. IV, 199 pages. 1968. DM 14,-

Vol. 52: D. J. Simms, Lie Groups and Quantum Mechanics. IV, 90 pages. 1968. DM 8,-

Vol. 53: J. Cerf, Sur les difféomorphismes de la sphère de dimension trois (Γ_4= O). XII, 133 pages. 1968. DM 12,-

Vol. 54: G. Shimura, Automorphic Functions and Number Theory. VI, 69 pages. 1968. DM 8,-

Vol. 55: D. Gromoll, W. Klingenberg und W. Meyer, Riemannsche Geometrie im Großen. VI, 287 Seiten. 1968. DM 20,-

Vol. 56: K. Floret und J. Wloka, Einführung in die Theorie der lokalkonvexen Räume. VIII, 194 Seiten. 1968. DM 16,-

Vol. 57: F. Hirzebruch und K. H. Mayer, O (n)-Mannigfaltigkeiten, exotische Sphären und Singularitäten. IV, 132 Seiten. 1968. DM 10,80

Vol. 58: Kuramochi Boundaries of Riemann Surfaces. IV, 102 pages. 1968. DM 9,60

Vol. 59: K. Jänich, Differenzierbare G-Mannigfaltigkeiten. VI, 89 Seiten. 1968. DM 8,-

Vol. 60: Seminar on Differential Equations and Dynamical Systems. Edited by G. S. Jones. VI, 106 pages. 1968. DM 9,60

Vol. 61: Reports of the Midwest Category Seminar II. IV, 91 pages. 1968. DM 9,60

Vol. 62: Harish-Chandra, Automorphic Forms on Semisimple Lie Groups X, 138 pages. 1968. DM 14,-

Vol. 63: F. Albrecht, Topics in Control Theory. IV, 65 pages. 1968. DM 6,80

Vol. 64: H. Berens, Interpolationsmethoden zur Behandlung von Approximationsprozessen auf Banachräumen. VI, 90 Seiten. 1968. DM 8,-

Vol. 65: D. Kölzow, Differentiation von Maßen. XII, 102 Seiten. 1968. DM 8,-

Vol. 66: D. Ferus, Totale Absolutkrümmung in Differentialgeometrie und -topologie. VI, 85 Seiten. 1968. DM 8,-

Vol. 67: F. Kamber and P. Tondeur, Flat Manifolds. IV, 53 pages. 1968. DM 5,80

Vol. 68: N. Boboc et P. Mustată, Espaces harmoniques associés aux opérateurs différentiels linéaires du second ordre de type elliptique. VI, 95 pages. 1968. DM 8,60

Vol. 69: Seminar über Potentialtheorie. Herausgegeben von H. Bauer. VI, 180 Seiten. 1968. DM 14,80

Vol. 70: Proceedings of the Summer School in Logic. Edited by M. H. Löb. IV, 331 pages. 1968. DM 20,-

Vol. 71: Séminaire Pierre Lelong (Analyse), Année 1967 - 1968. VI, 190 pages. 1968. DM 14,

Vol. 72: The Syntax and Semantics of Infinitary Languages. Edited by J. Barwise. IV, 268 pages. 1968. DM 18,-

Vol. 73: P. E. Conner, Lectures on the Action of a Finite Group. IV, 123 pages. 1968. DM 10,-

Vol. 74: A. Fröhlich, Formal Groups. IV, 140 pages. 1968. DM 12,-

Vol. 75: G. Lumer, Algèbres de fonctions et espaces de Hardy. VI, 80 pages. 1968. DM 8,-

Vol. 76: R. G. Swan, Algebraic K-Theory. IV, 262 pages. 1968. DM 18,-

Vol. 77: P.-A. Meyer, Processus de Markov: la frontière de Martin. IV, 123 pages. 1968. DM 10,-

Vol. 78: H. Herrlich, Topologische Reflexionen und Coreflexionen. XVI, 166 Seiten. 1968. DM 12,-

Vol. 79: A. Grothendieck, Catégories Cofibrées Additives et Complexe Cotangent Relatif. IV, 167 pages. 1968. DM 12,-

Vol. 80: Seminar on Triples and Categorical Homology Theory. Edited by B. Eckmann. IV, 398 pages. 1969. DM 20,-

Vol. 81: J.-P. Eckmann et M. Guenin, Méthodes Algébriques en Mécanique Statistique. VI, 131 pages. 1969. DM 12,-

Vol. 82: J. Wloka, Grundräume und verallgemeinerte Funktionen. VIII, 131 Seiten. 1969. DM 12,-

Vol. 83: O. Zariski, An Introduction to the Theory of Algebraic Surfaces. IV, 100 pages. 1969. DM 8,-

Vol. 84: H. Lüneburg, Transitive Erweiterungen endlicher Permutationsgruppen. IV, 119 Seiten. 1969. DM 10,-

Vol. 85: P. Cartier et D. Foata, Problèmes combinatoires de commutation et réarrangements. IV, 88 pages. 1969. DM 8,-

Vol. 86: Category Theory, Homology Theory and their Applications I. Edited by P. Hilton. VI, 216 pages. 1969. DM 16,-

Vol. 87: M. Tierney, Categorical Constructions in Stable Homotopy Theory. IV, 65 pages. 1969. DM 6,-

Vol. 88: Séminaire de Probabilités III. IV, 229 pages. 1969. DM 18,-

Vol. 89: Probability and Information Theory. Edited by M. Behara, K. Krickeberg and J. Wolfowitz. IV, 256 pages. 1969. DM 18,-

Vol. 90: N. P. Bhatia and O. Hajek, Local Semi-Dynamical Systems. II, 157 pages. 1969. DM 14,-

Vol. 91: N. N. Janenko, Die Zwischenschrittmethode zur Lösung mehrdimensionaler Probleme der mathematischen Physik. VIII, 194 Seiten. 1969. DM 16,80

Vol. 92: Category Theory, Homology Theory and their Applications II. Edited by P. Hilton. V, 308 pages. 1969. DM 20,-

Vol. 93: K. R. Parthasarathy, Multipliers on Locally Compact Groups. III, 54 pages. 1969. DM 5,60

Vol. 94: M. Machover and J. Hirschfeld, Lectures on Non-Standard Analysis. VI, 79 pages. 1969. DM 6,-

Vol. 95: A. S. Troelstra, Principles of Intuitionism. II, 111 pages. 1969. DM 10,-

Vol. 96: H.-B. Brinkmann und D. Puppe, Abelsche und exakte Kategorien, Korrespondenzen. V, 141 Seiten. 1969. DM 10,-

Vol. 97: S. O. Chase and M. E. Sweedler, Hopf Algebras and Galois theory. II, 133 pages. 1969. DM 10,-

Vol. 98: M. Heins, Hardy Classes on Riemann Surfaces. III, 106 pages. 1969. DM 10,-

Vol. 99: Category Theory, Homology Theory and their Applications III. Edited by P. Hilton. IV, 489 pages. 1969. DM 24,-

Vol. 100: M. Artin and B. Mazur, Etale Homotopy. II, 196 Seiten. 1969. DM 12,-

Vol. 101: G. P. Szegö et G. Treccani, Semigruppi di Trasformazioni Multivoche. VI, 177 pages. 1969. DM 14,-

Vol. 102: F. Stummel, Rand- und Eigenwertaufgaben in Sobolewschen Räumen. VIII, 386 Seiten. 1969. DM 20,-

Vol. 103: Lectures in Modern Analysis and Applications I. Edited by C. T. Taam. VII, 162 pages. 1969. DM 12,-

Vol. 104: G. H. Pimbley, Jr., Eigenfunction Branches of Nonlinear Operators and their Bifurcations. II, 128 pages. 1969. DM 10,-

Vol. 105: R. Larsen, The Multiplier Problem. VII, 284 pages. 1969. DM 18,-

Vol. 106: Reports of the Midwest Category Seminar III. Edited by S. Mac Lane. III, 247 pages. 1969. DM 16,

Vol. 107: A. Peyerimhoff, Lectures on Summability. III, 111 pages. 1969. DM 8,-

Vol. 108: Algebraic K-Theory and its Geometric Applications. Edited by R. M. F. Moss and C. B. Thomas. IV, 86 pages. 1969. DM 6,-

Vol. 109: Conference on the Numerical Solution of Differential Equations. Edited by J. Ll. Morris. VI, 275 pages. 1969. DM 18,-

Vol. 110: The Many Facets of Graph Theory. Edited by G. Chartrand and S. F. Kapoor. VIII, 290 pages. 1969. DM 18,

Vol. 111: K. H. Mayer, Relationen zwischen charakteristischen Zahlen. III, 99 Seiten. 1969. DM 8,–

Vol. 112: Colloquium on Methods of Optimization. Edited by N. N. Moiseev. IV, 293 pages. 1970. DM 18,–

Vol. 113: R. Wille, Kongruenzklassengeometrien. III, 99 Seiten. 1970. DM 8,–

Vol. 114: H. Jacquet and R. P. Langlands, Automorphic Forms on GL (2). VII, 548 pages. 1970. DM 24,–

Vol. 115: K. H. Roggenkamp and V. Huber-Dyson, Lattices over Orders I. XIX, 290 pages. 1970. DM 18,–

Vol. 116: Séminaire Pierre Lelong (Analyse) Année 1969. IV, 195 pages. 1970. DM 14,–

Vol. 117: Y. Meyer, Nombres de Pisot, Nombres de Salem et Analyse Harmonique. 63 pages. 1970. DM 6,–

Vol. 118: Proceedings of the 15th Scandinavian Congress, Oslo 1968. Edited by K. E. Aubert and W. Ljunggren. IV, 162 pages. 1970. DM 12,–

Vol. 119: M. Raynaud, Faisceaux amples sur les schémas en groupes et les espaces homogènes. III, 219 pages. 1970. DM 14,–

Vol. 120: D. Siefkes, Büchi's Monadic Second Order Successor Arithmetic. XII, 130 Seiten. 1970. DM 12,–

Vol. 121: H. S. Bear, Lectures on Gleason Parts. III, 47 pages. 1970. DM 6,–

Vol. 122: H. Zieschang, E. Vogt und H.-D. Coldewey, Flächen und ebene diskontinuierliche Gruppen. VIII, 203 Seiten. 1970. DM 16,–

Vol. 123: A. V. Jategaonkar, Left Principal Ideal Rings. VI, 145 pages. 1970. DM 12,–

Vol. 124: Séminare de Probabilités IV. Edited by P. A. Meyer. IV, 282 pages. 1970. DM 20,–

Vol. 125: Symposium on Automatic Demonstration. V, 310 pages. 1970. DM 20,–

Vol. 126: P. Schapira, Théorie des Hyperfonctions. XI, 157 pages. 1970. DM 14,–

Vol. 127: I. Stewart, Lie Algebras. IV, 97 pages. 1970. DM 10,–

Vol. 128: M. Takesaki, Tomita's Theory of Modular Hilbert Algebras and its Applications. II, 123 pages. 1970. DM 10,–

Vol. 129: K. H. Hofmann, The Duality of Compact Semigroups and C*- Bigebras. XII, 142 pages. 1970. DM 14,–

Vol. 130: F. Lorenz, Quadratische Formen über Körpern. II, 77 Seiten. 1970. DM 8,–

Vol. 131: A Borel et al., Seminar on Algebraic Groups and Related Finite Groups. VII, 321 pages. 1970. DM 22,–

Vol. 132: Symposium on Optimization. III, 348 pages. 1970. DM 22,–

Vol. 133: F. Topsøe, Topology and Measure. XIV, 79 pages. 1970. DM 8,–

Vol. 134: L. Smith, Lectures on the Eilenberg-Moore Spectral Sequence. VII, 142 pages. 1970. DM 14,–

Vol. 135: W. Stoll, Value Distribution of Holomorphic Maps into Compact Complex Manifolds. II, 267 pages. 1970. DM 18,–

Vol. 136: M. Karoubi et al., Séminaire Heidelberg-Saarbrücken-Strasbourg sur la K-Théorie. IV, 264 pages. 1970. DM 18,–

Vol. 137: Reports of the Midwest Category Seminar IV. Edited by S. MacLane. III, 139 pages. 1970. DM 12,–

Vol. 138: D. Foata et M. Schützenberger, Théorie Géométrique des Polynômes Eulériens. V, 94 pages. 1970. DM 10,–

Vol. 139: A. Badrikian, Séminaire sur les Fonctions Aléatoires Linéaires et les Mesures Cylindriques. VII, 221 pages. 1970. DM 18,–

Vol. 140: Lectures in Modern Analysis and Applications II. Edited by C. T. Taam. VI, 119 pages. 1970. DM 10,–

Vol. 141: G. Jameson, Ordered Linear Spaces. XV, 194 pages. 1970. DM 16,–

Vol. 142: K. W. Roggenkamp, Lattices over Orders II. V, 388 pages. 1970. DM 22,–

Vol. 143: K. W. Gruenberg, Cohomological Topics in Group Theory. XIV, 275 pages. 1970. DM 20,–

Vol. 144: Seminar on Differential Equations and Dynamical Systems, II. Edited by J. A. Yorke. VIII, 268 pages. 1970. DM 20,–

Vol. 145: E. J. Dubuc, Kan Extensions in Enriched Category Theory. XVI, 173 pages. 1970. DM 16,–

Vol. 146: A. B. Altman and S. Kleiman, Introduction to Grothendieck Duality Theory. II, 192 pages. 1970. DM 18,–

Vol. 147: D. E. Dobbs, Cech Cohomological Dimensions for Commutative Rings. VI, 176 pages. 1970. DM 16,–

Vol. 148: R. Azencott, Espaces de Poisson des Groupes Localement Compacts. IX, 141 pages. 1970. DM 14,–

Vol. 149: R. G. Swan and E. G. Evans, K-Theory of Finite Groups and Orders. IV, 237 pages. 1970. DM 20,–

Vol. 150: Heyer, Dualität lokalkompakter Gruppen. XIII, 372 Seiten. 1970. DM 20,–

Vol. 151: M. Demazure et A. Grothendieck, Schémas en Groupes I. (SGA 3). XV, 562 pages. 1970. DM 24,–

Vol. 152: M. Demazure et A. Grothendieck, Schémas en Groupes II. (SGA 3). IX, 654 pages. 1970. DM 24,–

Vol. 153: M. Demazure et A. Grothendieck, Schémas en Groupes III. (SGA 3). VIII, 529 pages. 1970. DM 24,–

Vol. 154: A. Lascoux et M. Berger, Variétés Kähleriennes Compactes. VII, 83 pages. 1970. DM 8,–

Vol. 155: Several Complex Variables I, Maryland 1970. Edited by J. Horváth. IV, 214 pages. 1970. DM 18,–

Vol. 156: R. Hartshorne, Ample Subvarieties of Algebraic Varieties. XIV, 256 pages. 1970. DM 20,–

Vol. 157: T. tom Dieck, K. H. Kamps und D. Puppe, Homotopietheorie. VI, 265 Seiten. 1970. DM 20,–

Vol. 158: T. G. Ostrom, Finite Translation Planes. IV. 112 pages. 1970. DM 10,

Vol. 159: R. Ansorge und R. Hass. Konvergenz von Differenzenverfahren für lineare und nichtlineare Anfangswertaufgaben. VIII, 145 Seiten. 1970. DM 14,

Vol. 160: L. Sucheston, Constributions to Ergodic Theory and Probability. VII, 277 pages. 1970. DM 20,–

Vol. 161: J. Stasheff, H-Spaces from a Homotopy Point of View. VI, 95 pages. 1970. DM 10,–

Vol. 162: Harish-Chandra and van Dijk, Harmonic Analysis on Reductive p-adic Groups. IV, 125 pages. 1970. DM 12,–

Vol. 163: P. Deligne, Equations Différentielles à Points Singuliers Reguliers. III, 133 pages. 1970. DM 12,–

Vol. 164: J. P. Ferrier, Seminaire sur les Algebres Complètes. II, 69 pages. 1970. DM 8,–

Vol. 165: J. M. Cohen, Stable Homotopy. V, 194 pages. 1970. DM 16,–

Vol. 166: A. J. Silberger, PGL_2 over the p-adics: its Representations, Spherical Functions, and Fourier Analysis. VII, 202 pages. 1970. DM 18,–

Vol. 167: Lavrentiev, Romanov and Vasiliev, Multidimensional Inverse Problems for Differential Equations. V, 59 pages. 1970. DM 10,–

Vol. 168: F. P. Peterson, The Steenrod Algebra and its Applications: A conference to Celebrate N. E. Steenrod's Sixtieth Birthday. VII, 317 pages. 1970. DM 22,–

Vol. 169: M. Raynaud, Anneaux Locaux Henséliens. V, 129 pages. 1970. DM 12,–

Vol. 170: Lectures in Modern Analysis and Applications III. Edited by C. T. Taam. VI, 213 pages. 1970. DM 18,–

Vol. 171: Set-Valued Mappings, Selections and Topological Properties of 2^X. Edited by W. M. Fleischman. X, 110 pages. 1970. DM 12,–

Vol. 172: Y.-T. Siu and G. Trautmann, Gap-Sheaves and Extension of Coherent Analytic Subsheaves. V, 172 pages. 1971. DM 16,–

Vol. 173: J. N. Mordeson and B. Vinograde, Structure of Arbitrary Purely Inseparable Extension Fields. IV, 138 pages. 1970. DM 14,–

Vol. 174: B. Iversen, Linear Determinants with Applications to the Picard Scheme of a Family of Algebraic Curves. VI, 69 pages. 1970. DM 8,–

Vol. 175: M. Brelot, On Topologies and Boundaries in Potential Theory. VI, 176 pages. 1971. DM 18,–

Vol. 176: H. Popp, Fundamentalgruppen algebraischer Mannigfaltigkeiten. IV, 154 Seiten. 1970. DM 16,–

Vol. 177: J. Lambek, Torsion Theories, Additive Semantics and Rings of Quotients. VI, 94 pages. 1971. DM 12,–

Vol. 178: Th. Bröcker und T. tom Dieck, Kobordismentheorie. XVI, 191 Seiten. 1970. DM 18,–

Vol. 179: Seminaire Bourbaki – vol. 1968/69. Exposés 347-363. IV, 295 pages. 1971. DM 22,–

Vol. 180: Séminaire Bourbaki – vol. 1969/70. Exposés 364-381. IV, 310 pages. 1971. DM 22,–

Vol. 181: F. DeMeyer and E. Ingraham, Separable Algebras over Commutative Rings. V, 157 pages. 1971. DM 16,–